복소해석학 개론

이현덕 지음

KM 경문사

머리말

이 책은 학부 복소해석학 강의를 위한 강의록(Lecture Notes)을 수정 보완하여 기초적인 복소해석학 이론을 엄선하여 임용고사에 대비하기 위해서 쓰여졌습니다. 참고문헌 중 기초복소해석과 Tao와 Peloso의 강의록을 주로 참고로 하여 작성하였으며 그 외의 문헌들도 다수 인용하였습니다.

이 책의 전반부의 핵심은 4장 Cauchy의 정리에 관한 내용이고, 후반부의 주요내용은 5장 Laurent급수와 유수정리의 응용에 관한 것이며 그 이외에 부가적으로 조화함수와 등각사상의 성질, Riemann사상정리 등을 소개하는 것으로 이 책을 구성하였습니다.

그리고 임용고사 기출문제를 분석하여 중등교원 임용고사를 준비하는 학생들에게 도움이 될 수 있도록 연습문제 풀이를 말미에 수록하여 실전에 대비하도록 하였으며 날이 갈수록 치열한 경쟁에 이 책이 도움이 되길 바라며 또한 미진한 부분도 보강 및 수정해 나갈 예정입니다.

끝으로 이 책이 나올 수 있도록 배려와 도움을 아끼지 않으신 경문사 박문규 사장님과 편집부 여러분들의 노고와 친절에 감사드립니다.

2014년 3월
저 자 씀

차 례

Contents

An Introduction To Complex Analysis

CHAPTER 01

복소수

복소수의 대수적 성질, 복소 다항식의 근을 구하는 문제, 복소수의 기하학적 표현 등을 주로 다룬다.

1.1 복소수

복소수는 카테션형식(Cartesian form)이나 극형식(polar form)으로 표시할 수 있다.

정의 1.1

(1) 복소수의 카테션형식 :

임의의 실수 x, y에 대하여, 복소수 z는 다음과 같이 유일하게 표현할 수 있다 :

$z = x + iy$, 여기서 $i = \sqrt{-1}$, $i^2 = -1$로서 허수의 단위라고 부른다.

(2) 복소수 $z = x + iy$에 대하여, $x = \mathrm{Re}(z)$를 z의 실수부분, $y = \mathrm{Im}(z)$를 z의 허수부분이라고 각각 부른다.

(3) 두 복소수 z_1, z_2에 대하여, $z_1 = z_2 \Leftrightarrow \mathrm{Re}(z_1) = \mathrm{Re}(z_2)$, $\mathrm{Im}(z_1) = \mathrm{Im}(z_2)$:

$z_1 = x_1 + iy_1$, $z_2 = x_2 + iy_2$에 대하여, $z_1 = z_2 \Leftrightarrow x_1 = x_2$, $y_1 = y_2$

(4) 복소수의 극형식 :

임의의 복소수 $z = x + iy$는 다음과 같이 극형식으로 표현할 수 있다 :

$z = re^{i\theta}$, 여기서 $r = \sqrt{x^2 + y^2} = |z|$는 z의 절대값, $\theta = \arg(z)$, $\left(\tan\theta = \frac{y}{x}\right)$는 z의 편각이라고 부른다.

□ 참고 1.1 □

복소수의 카테션형식과 극형식과의 관계는 Euler의 공식 : $e^{i\theta} = \cos\theta + i\sin\theta$에 의하여 주어진다. 즉, $z = x + iy = re^{i\theta}$에 대하여, $x = r\cos\theta$, $y = r\sin\theta$.

예제 1.1

(1) $\mathrm{Re}(2-2i) = 2$, $\mathrm{Im}(5-4i) = -4$,

(2) $1+i = |1+i|\, e^{i(\theta+2n\pi)} = \sqrt{2}\, e^{i\left(\frac{\pi}{4}+2n\pi\right)}$, $n \in \mathbf{Z}$,

(3) $z = x + iy = re^{i\theta}$에 대하여, $\cos\theta = \frac{x}{r}$, $\sin\theta = \frac{y}{r}$,

(4) $re^{i\theta} = se^{i\phi} \neq 0$ 이면, $r = s$, $\exists n \in \mathbf{Z} : \theta = \phi + 2n\pi$

정의 1.2

(1) 복소수 z 의 편각은 무한히 많은 표현방법이 있지만 편각의 범위를 $(-\pi, \pi]$ 로 제한한 편각을 z 의 주편각이라고 정의하고 $\mathrm{Arg}(z) = \Theta$ 로 표시한다.

(2) 복소수 $z = x + iy$ 의 켤레복소수 $\bar{z}$ (complex conjugate of z)를 다음과 같이 정의한다 :

$$\bar{z} = x - iy$$

1.2 복소수체 (Field of Complex Numbers)

복소수 전체의 집합을 C로 표시하고, 두 복소수의 덧셈 +과 곱셈 ・을 정의하면, (C, +, ・)는 체(field)를 이룬다.

정의 1.3

두 복소수 $z_1 = x_1 + iy_1$ 과 $z_2 = x_2 + iy_2$ 의 덧셈 + 과 곱셈 ・을 다음과 같이 정의한다 :

$$z_1 + z_2 = (x_1 + x_2) + i(y_1 + y_2)$$
$$z_1 \cdot z_2 = (x_1x_2 - y_1y_2) + i(x_1y_2 + y_1x_2).$$

□ 참고 1.2 □

(1) 정의 1.3에서 정의된 복소수의 덧셈과 곱셈에 관하여, (C, +, ・)는 체(field)를 이룬다, 즉,

(a) $z_1 + z_2 = z_2 + z_1$, $\forall z_1, z_2 \in \mathbf{C}$,

(b) $z_1 + (z_2 + z_3) = (z_1 + z_2) + z_3$, $\forall z_1, z_2, z_3 \in \mathbf{C}$,

(c) $\exists 0 \in \mathbf{C}$: $z + 0 = 0 + z = z$, $\forall z \in \mathbf{C}$,

(d) $\forall z \in \mathbf{C}$, $\exists -z \in \mathbf{C}$: $z + (-z) = (-z) + z = 0$,

(e) $z_1 \cdot z_2 = z_2 \cdot z_1$, $\forall z_1, z_2 \in \mathbf{C}$,

(f) $z_1 \cdot (z_2 \cdot z_3) = z_1 \cdot (z_2 \cdot z_3)$, $\forall z_1, z_2, z_3 \in \mathbf{C}$,

(g) $\exists 1 \in \mathbf{C}$: $z \cdot 1 = 1 \cdot z = z$, $\forall z \in \mathbf{C}$,

(h) $\forall z \in \mathbf{C}$, $z \neq 0$, $\exists z^{-1} \in \mathbf{C}$: $z \cdot z^{-1} = z^{-1} \cdot z = 1$,

(i) $z_1 \cdot (z_2 + z_3) = (z_1 \cdot z_2) + (z_1 \cdot z_3)$, $(z_1 + z_2) \cdot z_3 = (z_1 \cdot z_3) + (z_2 \cdot z_3)$, $\forall z_1, z_2, z_3 \in \mathbf{C}$.

(2) (a) 실수 x는 복소수 $x + i \cdot 0$로 보고, 허수 i는 복소수 $0 + i$로 본다.

(b) 두 복소수 $z_1 = x_1 + iy_1$과 $z_2 = x_2 + iy_2$에 대하여, $z_1 - z_2 = (x_1 - y_1) + i(y_1 - y_2)$이고,

(c) 두 복소수 $z_1 = x_1 + iy_1$과 $z_2 = x_2 + iy_2 \neq 0$에 대하여, $z_1 \div z_2 = z_1/z_2 = [(x_1 + iy_1)(x_2 - iy_2)]/[(x_2 + iy_2)(x_2 - iy_2)] = [(x_1x_2 + y_1y_2) + i(x_2y_1 - x_1y_2)]/(x_2^2 + y_2^2)$.

(3) 두 복소수 z_1과 z_2에 대하여,

(a) $\overline{z_1 + z_2} = \overline{z_1} + \overline{z_2}$,

(b) $\overline{z_1 \cdot z_2} = \overline{z_1} \cdot \overline{z_2}$,

(c) $\overline{\left(\dfrac{z_1}{z_2}\right)} = \dfrac{\overline{z_1}}{\overline{z_2}}$.

(4) 복소수 $z = x + iy$와 z의 켤레복소수 $\overline{z} = x - iy$에 대하여,

$$x = \frac{z + \overline{z}}{2} \equiv \mathrm{Re}(z), \quad y = \frac{z - \overline{z}}{2i} = \mathrm{Im}(z).$$

예제 1.2

영이 아닌 복소수 $z = x + iy$, 덧셈과 곱셈에 관한 역원을 각각 $-z$와 z^{-1}이라고 하

면, $-z = -x - iy$ 이고 $z^{-1} = \left(\dfrac{x}{x^2+y^2}\right) + i\left(\dfrac{-y}{x^2+y^2}\right)$ 이다.

□ **참고 1.3** □

복소수체 $(C, +, \cdot)$와 평면 $(R^2, +, \cdot)$은 서로 대수적으로 동형(isomorphism)을 이룬다.

1.3 복소수의 절대값, 복소 다항식의 근

복소수 $z = x + iy$에 대하여, $z \cdot \bar{z} = x^2 + y^2 \geq 0$ 이므로, $|z|^2 = z \cdot \bar{z}$ 이고 $|z| = |\bar{z}|$ 이다.

정리 1.1

임의의 두 복소수 z_1 과 z_2에 대하여 다음이 성립한다:

(1) 삼각부등식: $|z_1 + z_2| \leq |z_1| + |z_2|$

(2) $|z_1 \cdot z_2| = |z_1||z_2|$

(3) $|(|z_1| - |z_2|)| \leq |z_1 - z_2|$

증명) 두 복소수 $z_1 = x_1 + iy_1$, $z_2 = x_2 + iy_2$에 대하여,

(1) $|z_1 + z_2|^2 = (z_1 + z_2) \cdot (\overline{z_1 + z_2})$

$= z_1 \cdot \overline{z_1} + z_2 \cdot \overline{z_2} + 2\mathrm{Re}(z_1 \overline{z_2})$

$\leq |z_1|^2 + 2|z_1||z_2| + |z_2|^2$

$= (|z_1| + |z_2|)^2$ 이므로,

$|z_1 + z_2| \leq |z_1| + |z_2|$ 이다.

(2) 직접 계산하면, 좌변과 우변이 같다.

(3) $|z_1| = |(z_1-z_2)+z_2| \le |z_1-z_2| + |z_2|$ 이므로,

$(|z_1| - |z_2|) \le |z_1-z_2|$ 이다.

같은 방법으로, $|z_2| = |(z_2-z_1)+z_1| \le |z_1-z_2| + |z_1|$ 이므로,

$(|z_1| - |z_2|) \ge -(|z_1-z_2|)$ 이다.

그러므로 $|(|z_1| - |z_2|)| \le |z_1-z_2|$.

정의 1.4

임의의 두 복소수 $z_1 = x_1 + iy_1$ 과 $z_2 = x_2 + iy_2$ 의 거리 $d(z_1, z_2)$ 를 다음과 같이 정의한다 :

$$d(z_1, z_2) = |z_1 - z_2| = \sqrt{(x_1-x_2)^2 + (y_1-y_2)^2}\ .$$

□ 참고 1.4 □

두 복소수의 극형식 $z_1 = r_1 e^{i\theta_1}$, $z_2 = r_2 e^{i\theta_2} \ne 0$ 에 대하여,

$$z_1 \cdot z_2 = r_1 r_2 e^{i(\theta_1+\theta_2)},\quad \frac{z_1}{z_2} = \frac{r_1}{r_2} e^{i(\theta_1-\theta_2)}.$$

정리 1.2

두 복소수의 극형식 $z_1 = r_1 e^{i\theta_1}$, $z_2 = r_2 e^{i\theta_2}$ 에 대하여,

(1) $\arg(z_1 \cdot z_2) = \arg(z_{1)} + \arg(z_2)$

(2) $z_2 \ne 0,\ \arg\left(\frac{z_1}{z_2}\right) = \arg(z_1) - \arg(z_2)$

증명) (1) $z_1 \cdot z_2 = r_1 r_2 e^{i(\theta_1+\theta_2)}$

$\Rightarrow \arg(z_1 \cdot z_2) = \theta_1 + \theta_2 = \arg(z_1) + \arg(z_2)$

(2) $\frac{z_1}{z_2} = \frac{r_1}{r_2} e^{i(\theta_1-\theta_2)} \Rightarrow \arg\left(\frac{z_1}{z_2}\right) = \theta_1 - \theta_2 = \arg(z_1) - \arg(z_2)$

□ 참고 1.5 □ [De Moivre의 정리]

$(\cos\theta + i\sin\theta)^n = \cos n\theta + i\sin n\theta$

증명) $z = r(\cos\theta + i\sin\theta) = re^{i\theta}$ 에 대하여,

$z^n = r^n(\cos\theta + i\sin\theta)^n = r^n e^{in\theta} = r^n(\cos n\theta + i\sin n\theta)$ 이므로,

$r = 1$ 일 때를 생각해보면, $(\cos\theta + i\sin\theta)^n = \cos n\theta + i\sin n\theta$ 이 성립한다.

▌문제 1.1▐

(1) 복소수 $z = x + iy = re^{i\theta}$ 에 대하여 z 의 켤레복소수 $\bar{z}$ 의 극형식을 구하라.

(2) 복소수 $z = \dfrac{6}{\sqrt{3} + i}$ 의 극형식을 구하라.

정리 1.3

주어진 복소수 $\omega = \rho e^{i(\phi + 2k\pi)}$ 에 대하여, n 차 복소 다항식 $z^n = \omega$ 의 근은 많아야 n 개의 근 z_k, $k = 0, 1, \ldots, n-1$ 을 갖는다 :

$$z_k = \rho^{1/n} e^{i\frac{(\phi + 2k\pi)}{n}}, \quad k = 0, 1, \ldots, n-1.$$

증명) $z^n = \omega = \rho e^{i(\phi + 2k\pi)}$, $k \in \mathbf{Z}$ 에 대하여,

$z = \rho^{1/n} e^{i\frac{(\phi + 2k\pi)}{n}}$ 이므로,

해는 $z_k = \rho^{1/n} e^{i\frac{(\phi + 2k\pi)}{n}}$, $k = 0, 1, \ldots, n-1$ 이다.

1.4 복소수의 기하학적 표현

복소 해석학에서는 복소평면 C의 부분집합들인 예를 들면 열린 단위원판(open unit disc) $D = z : |z| < 1$, 닫힌 단위원판(closed unit disc) $\overline{D} = z : |z| \le 1$, 상반 반평면(upper half-plane) $\Omega^+ = z : \mathrm{Im}(z) > 0$, 뚫린 평면(punctured plane) $C - \{0\}$ 등에서 정의된 복소 함수 $\omega = f(z)$를 생각하는 경우가 대부분이므로, 복소평면의 부분집합들에 대한 위상적 성질을 분류할 수 있다.

정의 1.5

Ω가 복소평면의 부분집합일 때,

(1) ∃반지름이 $\delta > 0$: 열린원판 $D(z_0, \delta) = \{z : |z - z_0| < \delta\} \subset \Omega$이면, 점 z_0를 Ω의 내부점(interior of Ω)이라고 부른다.

(2) ∃ 반지름이 $\delta > 0$: 열린원판 $D(z_0, \delta) = \{z : |z - z_0| < \delta\} \cap \Omega = \varnothing$ 이면, 점 z_0를 Ω의 외부점(exterior of Ω)이라고 부른다.

(3) 점 z_0가 Ω의 내부점도 외부점도 아니면 Ω의 경계(boundary of Ω)라고 부른다.

(4) Ω가 경계점을 포함하지 않으면 열린집합(open set), 모든 경계점을 포함하면 닫힌집합(closed set)이라고 부르고, 경계점의 일부만을 포함하면 열린집합도 닫힌집합도 아니라고(neither open nor closed) 부른다.

(5) 공집합 $\varnothing$와 복소평면 C는 열리고 닫힌(both open and closed)집합이다.

(6) Ω가 열린집합이고, Ω의 임의의 두 점 z_1, z_2가 다각형 경로(polygonal path)에 의해서 연결되면, Ω를 연결집합(connected set)이라고 부른다.

(7) Ω가 열린집합으로서 연결되지 않으면, 비연결(disconnected)집합이라 부른다.

(8) Ω가 열린집합이고 연결집합이면, 영역(domain)이라고 부른다.

(9) ∃ 열린 원판 $D(0, R) = \{z : |z| < R\}$, $0 < R < \infty$: $\Omega \subset D(0, R)$이면, Ω를 유계(bounded)집합이라고 한다.

예제 1.3

(1) $D=\{z : |z| < 1\}$에 대하여, $|z_0| < 1$이면, z_0는 D의 내부이고, $|z_0| > 1$이면, z_0는 D의 외부이고, $|z_0| = 1$이면 z_0는 D의 경계이다.

D는 어떤 경계점도 포함하지 않으므로, D는 열린(open)집합이다.

(2) $\overline{D}=\{z : |z| \le 1\}$는 모든 경계점을 포함하고 있으므로 닫힌(closed)집합이다.

(3) 집합 $A = 0 \cup \left\{z \in \mathbf{R} : \mathrm{Arg}(z) = \frac{\pi}{4}\right\}$는 내부점을 갖지 않고 외부집합은 $\mathbf{C}-A$이며, A가 경계자체이므로, A는 닫힌(closed)집합이다.

(4) 열린집합 $\{z : |z| > 1\}$는 연결집합이고, 열린집합 $\{z : \mathrm{Re}(z) \ne 0\}$은 연결집합이 아니다.

(5) 닫힌 단위평방(closed unit square) $\{z : 0 \le \mathrm{Re}(z) \le 1,\ 0 \le \mathrm{Im}(z) \le 1\}$은 유계집합이고, 열린 우 반평면(open right half-plane) $\{z : \mathrm{Re}(z) > 0\}$은 무계(unbounded)집합이다.

(6) (a) $-|z| \le \mathrm{Re}(z) \le |z|$,

(b) $-|z| \le \mathrm{Im}(z) \le |z|$,

(c) $z^{-1} = \dfrac{1}{z} = \dfrac{\overline{z}}{|z|^2}$,

(d) $\left|\sum_{k=1}^{n} z_k\right| \le \sum_{k=1}^{n} |z_k|$

▌문제 1.2▐

(1) $(1+i)^{10}$을 계산하라.

(2) $(1+i)^{1/2}$을 구하라.

(3) 복소 다항식 $z^4+1=0$의 근을 구하라.

(4) $|z_1| < 1$이고 $|z_2| < 1$일 때, $\left|\dfrac{z_1 - z_2}{1-\overline{z_1}z_2}\right| < 1$임을 증명하라.

(5) 집합 $B=\{z : 2 < |z-i| < 3\}$을 복소평면에 표기하라.

풀이) (1) $(1+i)^{10} = (\sqrt{2}e^{i\frac{\pi}{4}})^{10} = 2^5 e^{i\frac{5\pi}{2}} = 2^5 e^{i\frac{\pi}{2}} = 32i$.

(2) $(1+i)^{1/2}=(\sqrt{2}e^{i\left(\frac{\pi}{4}+2k\pi\right)})^{1/2}=2^{1/4}e^{i\left(\frac{\pi}{8}+k\pi\right)}$, $k=0, 1$.

$=2^{1/4}e^{i\frac{\pi}{8}}$ or $2^{1/4}e^{i\frac{9\pi}{8}}$.

(3) $z^4=-1=e^{i(\pi+2k\pi)}$, $k=0, 1, 2, 3$이므로,

$z_k=e^{i\left(\frac{\pi}{4}+\frac{k\pi}{2}\right)}$, $k=0, 1, 2, 3$.

(4) 주어진 복소수 z_1과 z_2에 대하여,

$|1-\overline{z_1}z_2|^2-|z_1-z_2|^2=(1-|z_1|^2)(1-|z_2|^2)$이므로,

$|z_1|<1$이고 $|z_2|<1$일 때,

$\left|\frac{z_1-z_2}{1-\overline{z_1}z_2}\right|<1 \Leftrightarrow |z_1-z_2|<|1-\overline{z_1}z_2| \Leftrightarrow |z_1-z_2|^2<|1-\overline{z_1}z_2|^2$

$\Leftrightarrow |1-\overline{z_1}z_2|^2-|z_1-z_2|^2=(1-|z_1|^2)(1-|z_2|^2)>0$이다.

왜냐하면, $|z_1|^2<1$이고, $|z_2|^2<1$이기 때문이다.

(5) 집합 $B=\{z : 2<|z-i|<3\}$는 중심이 i이고 반지름이 2인 원 외부와 반지름이 3인 원내부를 나타내는 개원환(open annulus)이다.

예제 1.4

$z^2-2iz-i-2=0$의 근을 구하라.

풀이) $(z-i)^2=2+i-1=1+i=\sqrt{1^2+1^2}e^{i\left(\frac{\pi}{4}+2k\pi\right)}$, $k\in Z$

$z-i=2^{\frac{1}{4}}e^{i\frac{\left(\frac{\pi}{4}+2k\pi\right)}{2}}$, $k=0, 1$

$k=0$일 때 근 $z_0=i+2^{\frac{1}{4}}e^{i\frac{\pi}{8}}$

$k=1$일 때 근 $z_1=i+2^{\frac{1}{4}}e^{i\frac{9\pi}{8}}$

▌문제 1.3▐

$z^3=i$의 근을 구하라.

풀이) $z^3 = i = 1e^{i\left(\frac{\pi}{2}+2k\pi\right)}$, $k=0,\ 1,\ 2$

$$z = e^{i\left(\frac{\frac{\pi}{2}+2k\pi}{3}\right)},\quad k=0,\ 1,\ 2$$

$$z_0 = e^{i\left(\frac{\pi}{6}\right)},\quad z_1 = e^{i\left(\frac{5\pi}{6}\right)},\quad z_2 = e^{i\left(\frac{9\pi}{6}\right)}.$$

정리 1.4

$|z_1| = 1$ or $|z_2| = 1$ $z_1 \neq z_2$ 일 때, $\left|\dfrac{z_1 - z_2}{1 - \overline{z_1} z_2}\right| = 1$ 임을 증명하라.

증명) $\left|\dfrac{z_1 - z_2}{1-\overline{z_1}z_2}\right|^2 = \dfrac{|z_1 - z_2|^2}{|1-\overline{z_1}z_2|^2} = \dfrac{(z_1-z_2)(\overline{z_1-z_2})}{(1-\overline{z_1}z_2)(\overline{1-\overline{z_1}z_2})} = \dfrac{(z_1-z_2)(\overline{z_1}-\overline{z_2})}{(1-\overline{z_1}z_2)(1-z_1\overline{z_2})}$

$$= \frac{z_1\overline{z_1} - z_1\overline{z_2} - \overline{z_1}z_2 + z_2\overline{z_2}}{1 - z_1\overline{z_2} - \overline{z_1}z_2 + z_1\overline{z_1}z_2\overline{z_2}}$$

$= 1$ ($\because |z_1|^2 = z_1\overline{z_1} = 1$ 이고, $|z_2|^2 = z_2\overline{z_2} = 1$).

정의 1.6 [입체 극사영(Stereographic Projection)]

복소평면 **C**를 3차원 Euclid공간 $\mathbf{R}^3$에 내포된 xy-평면이라고 생각하고, 2차원 단위구면 S^2가 단위원 S^1을 따라 복소평면 **C**와 만날 때, S^2의 북극 N을 (0, 0, 1)로 표시하면, $S^2 - N$ 위의 점 (x_1, x_2, x_3)과 복소 평면 **C** 위의 점 (x_1, x_2)을 일대일 대응시킬 수 있다. 즉, 점 $z = (x_1, x_2) \in \mathbf{C}$와 점 (x_1, x_2, x_3)를 지나는 북극 N을 연결하는 직선에 의해서 결정된 대응을 입체 극사영(stereographic projection)이라고 부르고, 이때, $S^2 = \mathbf{C}^* = \mathbf{C} \cup \{\infty\}$로 표현하고, 이를 Riemann 구면(Riemann sphere)이라고 부른다.

정리 1.5

입체 극사영 $\phi : S^2 \to \mathbf{C}$

$(x_1, x_2, x_3) \mapsto z = (x, y)$, $\forall (x_1, x_2, x_3) \in S^2 - (0, 0, 1)$에 대하여,

$$\phi((x_1, x_2, x_3)) = \frac{x_1 + ix_2}{1 - x_3} \text{ 이며,}$$

다음 대응규칙이 성립한다 :

$$x_1 = \frac{2\mathrm{Re}(z)}{|z|^2 + 1},$$

$$x_2 = \frac{2\mathrm{Im}(z)}{|z|^2 + 1},$$

$$x_3 = \frac{|z|^2 - 1}{|z|^2 + 1}.$$

연습문제

1. Lagrange의 삼각함수 항등식 :

(a) $1+\cos\theta+\cos 2\theta+\cdots+\cos n\theta=\frac{1}{2}+\frac{\sin\left(n+\frac{1}{2}\right)\theta}{\sin\frac{\theta}{2}}$

(b) $\sin\theta+\sin 2\theta+\cdots+\sin n\theta=\frac{\cos\frac{\theta}{2}-\cos\left(n+\frac{1}{2}\right)\theta}{2\sin\frac{\theta}{2}}$ 를 증명하라.

2. De Moivre 정리를 이용하여, 다음을 유도하라.

(a) $\cos 3\theta=\cos^3\theta-3\cos\theta\sin^2\theta$,

(b) $\sin 3\theta=3\cos^2\theta\sin\theta-\sin^3\theta$.

3. 다음 복소 다항식의 근을 구하라.

(a) $z^3-1=0$,

(b) $z^2-5iz+1-3i=0$.

4. $\sqrt{-2+2\sqrt{3}i}$ 의 실수부분을 구하라.

5. 다음 복소수의 주편각 $\mathrm{Arg}(z)$를 구하라.

(a) $-1+\sqrt{3}i$,

(b) $2+2i$,

(c) $-3i$.

6. $z_1 = Re^{i\phi}$ 이고, $z_2 = re^{i\theta}$ 일 때,

$\mathrm{Re}\left(\frac{z_1+z_2}{z_1-z_2}\right) = \frac{R^2-r^2}{R^2-2Rr\cos(\theta-\phi)+r^2}$ 임을 증명하라.

7. 다음을 계산하라.

(a) $\left(\frac{2+i}{3-i}\right)^2$,

(b) $\frac{3-i}{2+i}+\frac{3+i}{2-i}$.

8. 방정식 $(z-i)(\bar{z}+i)=9$ 를 복소평면상에 표현하면, 중심이 i 이고 반지름이 3인 원임을 증명하라.

9. 복소수 $a \neq 0$, b, c 에 대하여, 복소 2차 방정식 $az^2+bz+c=0$ 의 근이 $\frac{-b \pm \sqrt{b^2-4ac}}{2a}$ 임을 증명하라.

10. 다음을 증명하라 :

(a) $|z| = 1 \Leftrightarrow \bar{z} = \frac{1}{z}$,

(b) z 가 실수 $\Leftrightarrow z = \bar{z}$,

(c) z 가 실수이거나 순허수 $\Leftrightarrow (\bar{z})^2 = z^2$.

11. $p(z)$ 가 실수계수 복소 다항식, 즉 $p(z) = a_0 + a_1 z + \cdot\cdot\cdot + a_n z^n$, $a_i \in \mathbf{R}$, $a_n \neq 0$ 에 대하여, 다음을 증명하라.

(a) $\overline{p(z)} = p(\bar{z})$,

(b) $p(z) = 0 \Leftrightarrow p(\bar{z}) = 0$.

12. 복소 2차 방정식 $z^2+2z+(1-i)=0$의 모든 해를 구하라.

13. 복소 방정식 $2|z| = |z+i|$ 을 복소평면 상에 표현해 보라.

14. $C: |z| = 2$ 일 때, $\left|\dfrac{1}{z^2-1}\right| \le \dfrac{1}{3}$, $\forall z \in C$ 임을 증명하라.

15. 임의의 정수 k에 대하여, i^{4k}, i^{4k+1}, i^{4k+2}, i^{4k+3}를 각각 구하라.

16. 임의의 복소수 z에 대하여, $\mathrm{Re}(z) > 0$ 이면, $\mathrm{Re}\left(\dfrac{1}{z}\right) > 0$ 임을 보여라.

17. 다음 구역은 영역(domain)인가?

(a) $|\mathrm{Arg}(z)| < \dfrac{\pi}{4}$,

(b) $0 < |z-2| < 3$,

(c) $-1 < \mathrm{Im}(z) \le 1$.

18. 다음 복소수를 극형식 : $re^{i\theta}$로 표현하라.

(a) $\dfrac{2+2i}{-\sqrt{3}+i}$,

(b) $\dfrac{2i}{3e^{3+i}}$.

19. 다음 복소 방정식의 해를 구하라 :

(a) $iz = 4 - zi$,

(b) $\dfrac{z}{1-z} = 1 - 5i$,

(c) $(2-i)z+8z^2=0$,

(d) $z^2+25=0$.

20. $\left[\cos\left(\frac{2\pi}{9}\right)+i\sin\left(\frac{2\pi}{9}\right)\right]^6$ 을 구하라.

An Introduction To Complex Analysis

CHAPTER 02

복소 수열과 멱급수

복소 지수함수, 복소 삼각함수, 복소 쌍곡함수, 복소 로그함수 등 여러 종류의 복소 초월함수의 멱급수 전개에 대하여 중점적으로 조사하고, 특히 멱급수의 수렴반경, 멱급수의 항별로 미분과 적분, 멱급수의 수렴과 기본적인 성질들을 이해하고자 하는데 있다.

2.1 복소 급수의 수렴

정의 2.1

복소 수열 $\{z_n\}_{n=1}^{\infty}$과 복소수 z_0에 대하여, $\lim_{n\to\infty}|z_n - z_0| = 0$이면, 즉, $^{\forall}\epsilon > 0$, $^{\exists}N \in \mathbb{N} : n \geq N \Rightarrow |z_n - z_0| < \epsilon$이면, 복소 수열 $\{z_n\}_{n=1}^{\infty}$이 z_0로 수렴한다고 말하고 $\lim_{n\to\infty} z_n = z_0$ 또는 $n \to \infty$ 일 때, $z_n \to z_0$로 표현한다.

예제 2.1

복소 수열 $\{1 + i^n/n\}_{n=1}^{\infty}$은 1로 수렴한다.

□ 참고 2.1 □

$\lim_{n\to\infty} z_n = z_0 \Leftrightarrow \lim_{n\to\infty} \mathrm{Re}(z_n) = \mathrm{Re}(z_0)$, $\lim_{n\to\infty} \mathrm{Im}(z_n) = \mathrm{Im}(z_o)$

증명) 복소 수열 $z_n = x_n + iy_n$와 복소수 $z_0 = x_0 + iy_0$에 대하여,

$z_n \to z_0 \Leftrightarrow x_n \to x_0,\ y_n \to y_0$이다.

즉, $z_n \to z_0 \Leftrightarrow \mathrm{Re}(z_n) \to \mathrm{Re}(z_0)$이고, $\mathrm{Im}(z_n) \to \mathrm{Im}(z_0)$

왜냐하면,

(1) $(\Rightarrow)$: $\forall\epsilon > 0$, $\exists N \in \mathbf{N}$: $n \geq N \Rightarrow |z_n - z_0| < \epsilon$이면,

$|x_n - x_0| \leq |z_n - z_0|$ 이므로, $|x_n - x_0| < \epsilon$이다.

즉, $n \to \infty$ 일 때, $\mathrm{Re}(z_n) \to \mathrm{Re}(z_0)$.

같은 방법으로, $|y_n - y_0| \leq |z_n - z_0| < \epsilon$이므로,

$n \to \infty$ 일 때, $\mathrm{Im}(z_n) \to \mathrm{Im}(z_0)$.

(2) $(\Leftarrow)$: $\forall\epsilon > 0$에 대하여, $\exists N \in \mathbf{N}$: $n \geq N \Rightarrow$

$|x_n - x_0| < \frac{\epsilon}{2}$ 이고, $|y_n - y_0| < \frac{\epsilon}{2}$ 이면,

$|z_n - z_0| \le |x_n - x_0| + |y_n - y_0| < \frac{\epsilon}{2} + \frac{\epsilon}{2} = \epsilon$ 이므로,

$n \to \infty$ 일 때, $z_n \to z_0$이다.

▌문제 2.1▐

복소 수열 z_n 이 복소수 z_0 에 수렴하면, 실수열 $|z_n|$ 이 실수 $|z_0|$ 에 수렴한다.

증명) 복소 수열 z_n 이 복소수 z_0 에 수렴하면,

$\forall \epsilon > 0$ 에 대하여, $\exists N \in \mathbf{N} : n \ge N \Rightarrow |z_n - z_0| < \epsilon$ 이다.

그런데, $||z_n| - |z_o|| \le |z_n - z_0| < \epsilon$ 이므로,

$\forall \epsilon > 0$ 에 대하여, $\exists N \in \mathbf{N} : n \ge N \Rightarrow ||z_n| - |z_0|| < \epsilon$ 이다.

즉, 실수열 $|z_n|$ 이 실수 $|z_0|$ 에 수렴한다.

▌문제 2.2▐

복소 수열 z_n 이 복소수 z_0 에 수렴하면 공액복소 수열 $\overline{z_n}$ 은 공액복소수 $\overline{z_0}$ 에 수렴한다.

증명) 복소 수열 $z_n = x_n + iy_n$ 이 복소수 $z_0 = x_0 + iy_0$ 에 수렴하면,

x_n 은 x_0 에 수렴하고, y_n 은 y_0 에 수렴한다.

따라서 공액 복소 수열 $\overline{z_n} = x_n - iy_n$ 은 공액복소수 $\overline{z_0} = x_0 - iy_0$ 에 수렴한다.

왜냐하면,

$$z_n = x_n + iy_n,\ z_0 = x_0 + iy_0$$

$$z_n \to z_0 \Leftrightarrow x_n = \mathrm{Re}(z_n) \to \mathrm{Re}(z_0) = x_0,\ y_n = \mathrm{Im}(z_n) \to \mathrm{Im}(z_0) = y_0$$

$$\Rightarrow \overline{z_n} = x_n - iy_n \to x_0 - iy_0 = \overline{z_0}$$

□ 참고 2.2 □ [복소 수열의 극한]

(1) $\lim_{n\to\infty} z_n + w_n = \lim_{n\to\infty} z_n + \lim_{n\to\infty} w_n$,

(2) $\lim_{n\to\infty} c = c$, 여기서, c는 복소상수.

(3) $\lim_{n\to\infty}(z_n w_n) = (\lim_{n\to\infty} z_n)(\lim_{n\to\infty} w_n)$,

(4) $\lim_{n\to\infty} w_n \neq 0$일 때, $\lim_{n\to\infty} z_n/w_n = (\lim_{n\to\infty} z_n)/(\lim_{n\to\infty} w_n)$,

(5) 복소 수열 z_n이 z_0에 수렴하고, 복소 함수 f가 z_0에서 연속이면, $f(z_n)$은 $f(z_0)$에 수렴한다. 그러므로 $\sin(z)$가 연속함수이므로, $n\to\infty$일 때, $\sin(1+i^n/n)$은 $\sin(1)$에 수렴한다.

(6) [Squeeze Test] : $\{a_n\}_{n=1}^{\infty}$이 양의 실수열로, $\lim_{n\to\infty} a_n = 0$이고, 모든 자연수 n에 대하여, $|z_n - z_0| < a_n$이면, 복소 수열 $\{z_n\}_{n=1}^{\infty}$은 z_0에 수렴한다.

정의 2.2

복소 수열 $\{z_n\}_{n=1}^{\infty}$에 대하여, $S_n = \sum_{i=1}^{n} z_i$, $n = 1, 2, \ldots$, 이라고 정의하면, 부분합의 수열 $\{S_n\}_{n=1}^{\infty}$이 복소수 s에 수렴하면, 즉 $\sum_{n=1}^{\infty} z_n = \lim_{n\to\infty}\sum_{i=1}^{n} z_i = s$이면, 복소 급수 $\sum_{n=1}^{\infty} z_n$이 s에 수렴한다고 말하고, $\sum_{n=1}^{\infty} z_n = s$로 표현한다.

또한, 복소 급수 $\sum_{n=1}^{\infty} z_n$이 수렴하지 않으면, 발산한다고 정의한다. 즉, $\forall \epsilon > 0$, $\exists N \in \mathbf{N} : m \geq N \Rightarrow |\sum_{n=1}^{m} z_n - s| < \epsilon$이면, 복소 급수 $\sum_{n=1}^{\infty} z_n$은 수렴한다고 말하고, $\sum_{n=1}^{\infty} z_n = s$로 표시한다.

정리 2.1

복소 수열 $\{z_n\}$에 대하여 다음 두 조건은 동치이다.

(1) 복소 급수 $\sum_{n=1}^{\infty} z_n$은 수렴한다.

(2) 실급수 $\sum_{n=1}^{\infty} \mathrm{Re}(z_n)$와 실급수 $\sum_{n=1}^{\infty} \mathrm{Im}(z_n)$은 수렴한다.

증명) $(\Rightarrow)$

$z_n = x_n + iy_n$, $\sum_{n=1}^{\infty} z_n = s = a+ib$이면,

$\sum_{n=1}^{\infty} z_n = s \Rightarrow \lim_{n\to\infty} S_n = \lim_{n\to\infty} \sum_{i=1}^{n} z_i = s$ 이다.

$\sum_{n=1}^{\infty} x_n + iy_n = \sum_{n=1}^{\infty} x_n + i\sum_{n=1}^{\infty} y_n = a+ib$이므로,

$\sum_{n=1}^{\infty} \mathrm{Re}(z_n) = a$, $\sum_{n=1}^{\infty} \mathrm{Im}(z_n) = b$이다.

$(\Leftarrow)$

$\sum_{n=1}^{\infty} \mathrm{Re}(z_n) = a$, $\sum_{n=1}^{\infty} \mathrm{Im}(z_n) = b$이면,

$\sum_{n=1}^{\infty} z_n = \sum_{n=1}^{\infty} [\mathrm{Re}(z_n) + i\mathrm{Im}(z_n)]$

$= \sum_{n=1}^{\infty} \mathrm{Re}(z_n) + i\sum_{n=1}^{\infty} \mathrm{Im}(z_n) = a+ib$이므로,

복소 급수 $\sum_{n=1}^{\infty} z_n$은 수렴한다.

□ 참고 2.3□

(1) 기하급수 $\sum_{n=0}^{\infty} z^n$은 $|z| < 1$일 때, $1/(1-z)$에 수렴하고, $|z| \geq 1$일 때는 발산한다.

왜냐하면, 부분합의 수열 $S_n = \sum_{k=0}^{n} z^k = (1-z^{n+1})/(1-z)$ 이므로.

그러므로 $\sum_{n=0}^{\infty} \frac{1}{2^n} = 2$ 이고 $\sum_{n=0}^{\infty} (2i)^n$는 발산한다.

(2) [복소 급수의 성질]

복소 급수 $\sum_{n=1}^{\infty} z_n$과 $\sum_{n=1}^{\infty} w_n$이 수렴하면,

(a) $\sum_{n=1}^{\infty}(z_n \pm w_n)$도 수렴하고, $\sum_{n=1}^{\infty}(z_n \pm w_n) = \sum_{n=}^{\infty} z_n \pm \sum_{n=1}^{\infty} w_n$,

(b) $\mathrm{Re}\left(\sum_{n=1}^{\infty} z_n\right) = \sum_{n=1}^{\infty}\mathrm{Re}(z_n)$, $\mathrm{Im}\left(\sum_{n=1}^{\infty} z_n\right) = \sum_{n=1}^{\infty}\mathrm{Im}(z_n)$,

(c) $\sum_{n=1}^{\infty} cz_n = c\sum_{n=1}^{\infty} z_n \ \forall c \in \mathbf{C}$,

(d) $\sum_{n=0}^{\infty} z_n = \sum_{n=0}^{N} z_n + \sum_{n=N+1}^{\infty} z_n$

(e) 급수를 재배열하면 합이 달라질 수도 있다.

예를 들면,

$1-1+1/2-1/2+1/2-1/2+1/4-1/4+1/4-1/4+1/4-1/4+1/4-1/4+\cdots$

은 0에 수렴하지만, 이급수를 다음과 같이 재배열하면,

$1+1/2+1/2-1+1/4+1/4-1/2+1/4+1/4-1/2+1/4+1/4-1/2+1/8+1/8-1/4+\cdots$

은 1에 수렴한다.

(f) $\sum_{n=1}^{\infty}\frac{i^n}{n} = i - \frac{1}{2} - \frac{i}{3} + \frac{1}{4} + \cdots$

$$= \left(-\frac{1}{2} + \frac{1}{4} - \frac{1}{6} + \frac{1}{8} - \cdots\right) + i\left(1 - \frac{1}{3} + \frac{1}{5} - \cdots\right)$$

$$= -\frac{1}{2}\ln 2 + i\frac{\pi}{4}$$

왜냐하면,

$\ln(1+x) = x - \frac{x^2}{2} + \frac{x^3}{3} - \frac{x^4}{4} + \cdots$

$\tan^{-1}x = x - \frac{x^3}{3} + \frac{x^5}{5} - \frac{x^7}{7} + \cdots$ 으로부터,

$\ln(2) = 1 - 1/2 + 1/3 - 1/4 + \cdots$ 이고,

$\frac{\pi}{4} = \mathrm{Tan}^{-1}(1) = 1 - 1/3 + 1/5 - 1/7 + \cdots$

이기 때문이다.

(g) 복소 급수 $\sum_{n=1}^{\infty} z_n$이 수렴하면, $n \to \infty$ 일 때, $z_n \to 0$ 이다.

왜냐하면, $\lim_{n\to\infty} z_n = \lim_{n\to\infty}(S_n - S_{n-1})$, 여기서 $S_m = \sum_{n=1}^{m} z_n$,

$$= \lim_{n\to\infty} S_n - \lim_{n\to\infty} S_{n-1} = s - s = 0.$$

(h) $n \to \infty$ 일 때, $z_n \to 0$이라고 해서 복소 급수 $\sum_{n=1}^{\infty} z_n$이 수렴하는 것은 아니다. 예를 들면, 조화급수 $\sum_{n=1}^{\infty} \frac{1}{n}$은 발산한다.

정의 2.3

급수 $\sum_{n=1}^{\infty} |z_n|$이 수렴하면, 복소 급수 $\sum_{n=1}^{\infty} z_n$이 절대수렴(absolutely convergent)한다고 한다.

□ 참고 2.4□

(1) [Zero Test] : $n \to \infty$ 일 때, z_n이 0에 수렴하지 않으면, $\sum_{n=0}^{\infty} z_n$은 발산한다.

(2) [비교 판정법] : 모든 n에 대하여, $|z_n| \le a_n$이고, $\sum_{n=0}^{\infty} a_n$이 수렴하면, $\sum_{n=0}^{\infty} z_n$은 절대수렴한다.

(3) [비 판정법] : $L = \lim_{n\to\infty} \left| \frac{z_{n+1}}{z_n} \right|$ 일 때, $L < 1$이면, $\sum_{n=0}^{\infty} z_n$은 절대수렴하고, $L > 1$이면, $\sum_{n=0}^{\infty} z_n$ 은 발산한다.

정의 2.4

$\forall \epsilon > 0$에 대하여, $\exists N \in \mathbf{N} : m, n \ge N \Rightarrow |z_m - z_n| < \epsilon$이면, 복소 수열 $\{z_n\}$을 Cauchy 수열이라고 부른다.

보조정리 2.1.1

Cauchy 복소 수열 $\{z_n\}$은 유계(bounded)이다.

증명) $\{z_n\}$을 Cauchy 복소 수열이라고 하면, $\forall \epsilon = 1 > 0$에 대하여,
$\exists N \in \mathbf{N} : m, n \ge N \Rightarrow |z_m - z_n| < 1$이다.

특히, $m \ge N$이면, $|z_m| \le |z_N| + 1$이므로,

$M = \sup\{|z_1|, |z_2|, \ldots, |z_N| \ |z_N| + 1\}$이라고 놓으면,

$\forall m \in \mathbf{N}$에 대하여, $|z_m| \le M$이다.

그러므로 Cauchy 복소 수열 $\{z_n\}$은 유계(bounded)이다.

정리 2.2 **[수렴수열에 관한 Cauchy 판정법]**

복소 수열 $\{z_n\}$이 수렴할 필요충분 조건은 복소 수열 $\{z_n\}$이 Cauchy 수열이다.

증명) $(\Rightarrow)$

복소 수열 $\{z_n\}$이 복소수 z_0에 수렴한다고 가정하면,

$\forall \epsilon > 0$에 대하여, $\exists N \in \mathbf{N} : m \ge N \Rightarrow |z_m - z_0| < \frac{\epsilon}{2}$이다.

그러므로 $m, n \ge N \Rightarrow |z_m - z_0| < \frac{\epsilon}{2}$, $|z_n - z_0| < \frac{\epsilon}{2}$.

따라서 $|z_m - z_n| = |(z_m - z_0) - (z_n - z_0)| \le |z_m - z_0| + |z_n - z_0| < \frac{\epsilon}{2} + \frac{\epsilon}{2} = \epsilon$.

즉, 복소 수열 $\{z_n\}$이 Cauchy 수열이다.

$(\Leftarrow)$

복소 수열 $\{z_n\}$이 Cauchy 수열이면, 보조정리 2.1에 의하여, Cauchy 수열 $\{z_n\}$이 유계수열이다.

그러므로 Bolzano-Weierstrass 정리(임의의 유계 복소 수열은 수렴하는 부분수열을 갖는다)에 의하여, $\{z_n\}$의 수렴하는 부분수열 $\{z_{n_m}\}_{m=1}^{\infty}$이 존재한다.

즉, $\lim\limits_{m\to\infty} z_{n_m} = z_0$라고 하면, $\{z_n\}$이 Cauchy 수열이므로, $\forall \epsilon > 0$에 대하여, $\exists N \in \mathbf{N}$:

$m, n \ge N \Rightarrow |z_m - z_n| < \frac{\epsilon}{2}$.

$n_m \ge N$이고, $|z_{n_m} - z_0| < \frac{\epsilon}{2}$인 충분히 큰 m을 택하면 $n \ge N$일 때, $|z_n - z_0| \le$

$|z_n - z_{n_m}| + |z_{n_m} - z_0| < \frac{\epsilon}{2} + \frac{\epsilon}{2} = \epsilon$이다.

그러므로 $\lim\limits_{n\to\infty} z_n = z_0$이다.

정리 2.3

절대수렴하는 복소 급수 $\sum_{n=1}^{\infty} z_n$ 은 수렴한다.

증명) 복소 급수 $\sum_{n=1}^{\infty} z_n$ 가 절대수렴하면, Cauchy 판정법에 의하여, $\forall \epsilon > 0$ 에 대하여,

$\exists N \in \mathbf{N} : m, n \geq N \Rightarrow \sum_{k=n+1}^{m} |z_k| < \epsilon$ 이다.

그런데, 삼각 부등식에 의하여, $\left| \sum_{k=n+1}^{m} z_k \right| \leq \sum_{k=n+1}^{m} |z_k|$ 이므로,

Cauchy 판정법에 의하여, 복소 급수 $\sum_{n=1}^{\infty} z_n$ 은 수렴한다.

정리 2.4

복소 급수 $\sum_{n=1}^{\infty} z_n$ 이 수렴할 필요충분조건은 $\forall \epsilon > 0$ 에 대하여, $\exists N \in \mathbf{N} : m > n \geq N$ $\Rightarrow |z_{n+1} + z_{n+2} + \cdots + z_m| < \epsilon$.

증명) 수렴하는 부분합의 수열 $S_n = \sum_{k=1}^{n} z_k$ 이 Cauchy 수열이므로, 정리 2.2에 의하여 성립한다.

정리 2.5 [비교 판정법(Comparison Test)]

$\forall n \in \mathbf{N}$ 에 대하여, $0 \leq |z_n| \leq b_n$, $z_n \in \mathbf{C}$, $b_n \in \mathbf{R}$, $\sum_{n=1}^{\infty} b_n$ 이 수렴하면, 복소 급수 $\sum_{n=1}^{\infty} z_n$ 은 수렴한다.

증명) $\sum_{n=1}^{\infty} b_n$ 이 수렴하므로, 주어진 $\epsilon > 0$ 에 대하여, $\exists N \in \mathbf{N} : m, n \geq N \Rightarrow b_{n+1} + b_{n+2} + \cdots + b_m < \epsilon$ 이다.

그런데, m, $n \ge N \Rightarrow \left| \sum_{k=n+1}^{m} z_k \right| \le \sum_{k=n+1}^{m} |z_k| \le \sum_{k=n+1}^{m} b_k < \epsilon$ 이므로, 정리 2.4에 의해서, 복소 급수 $\sum_{n=1}^{\infty} z_n$ 은 수렴한다.

예제 2.2

$|z| < 1$ 일 때, 기하급수 $\sum_{n=1}^{\infty} z^n$ 는 $1/(1-z)$ 에 수렴하므로, 비교판정법에 의하여 복소 급수 $\sum_{n=1}^{\infty} \frac{z^n}{n}$ 은 $|z| < 1$ 에서 수렴한다. 왜냐하면, $\left| \frac{z^n}{n} \right| \le |z^n| = |z|^n$ 이고, $|z| < 1$ 에서, $\sum_{n=1}^{\infty} |z|^n$ 이 수렴하기 때문에, 비교 판정법에 의하여, 복소 급수 $\sum_{n=1}^{\infty} \frac{z^n}{n}$ 은 $|z| < 1$ 에서 수렴한다.

정리 2.6 [비 판정법(Ratio Test)]

복소 수열 $\{z_n\}$ 에 대하여, $\exists r = \lim_{n \to \infty} \left| \frac{z_{n+1}}{z_n} \right|$ 할 때,

(1) $r < 1$ 이면, 복소 급수 $\sum_{n=1}^{\infty} z_n$ 은 절대수렴하고,

(2) $r > 1$ 이면, 복소 급수 $\sum_{n=1}^{\infty} z_n$ 은 발산한다.

증명) (1) $r < 1$ 이면, $\exists s \in \mathbf{R} : r < s < 1$, $\exists N \in \mathbf{N} : n \ge N \Rightarrow \left| \frac{z_{n+1}}{z_n} \right| < s$, 즉, $|z_{n+1}| < s|z_n|$.

그러므로 $\forall k \in \mathbf{N}$, $|z_{N+k}| < s|z_{N+k-1}| < s^2 |z_{N+k-2} < \cdots < s^k |z_N|$.

따라서 비교 판정법에 의하여, 복소 급수 $\sum_{n=1}^{\infty} z_n$ 은 절대수렴한다.

(2) $r > 1$ 이면, $\exists s \in \mathbf{R} : 1 < s < r$, $\exists N \in \mathbf{N} : n \ge N \Rightarrow \left| \frac{z_{n+1}}{z_n} \right| > s$, 즉, $|z_{n+1}| > s|z_n|$

그러므로 $\forall k \in \mathbf{N}$, $|z_{N+k}| > s|z_{N+k-1}| > s^2|z_{N+k-2}| > \cdots > s^k|z_N|$.

$\sum_{k=1}^{\infty} s^k|z_N| = |\alpha_N| \sum_{k=1}^{\infty} s^k = +\infty$ 이므로,

따라서 비교 판정법에 의하여, 복소 급수 $\sum_{n=1}^{\infty} z_n$ 은 발산한다.

예제 2.3

임의의 복소수 z에 대하여, $\sum_{n=1}^{\infty} \frac{z^n}{n!}$ 은 수렴한다.

왜냐하면, $u_n = \frac{z^n}{n!}$ 라고 하면,

$r = \lim_{n\to\infty} \left| \frac{u_{n+1}}{u_n} \right| = \lim_{n\to\infty} \left| \frac{z^{n+1}/(n+1)!}{z^n/(n!)} \right| = |z| \lim_{n\to\infty} \frac{1}{n+1} = 0 < 1$ 이므로,

비 판정법에 의하여, $\sum_{n=1}^{\infty} \frac{z^n}{n!}$ 은 수렴한다.

❙ 문제 2.3 ❙

급수 $\sum_{n=1}^{\infty} \frac{n!}{n^n}$ 는 수렴한다.

왜냐하면, $r = \lim_{n\to\infty} \left| \frac{a_{n+1}}{a_n} \right| = \lim_{n\to\infty} \left| \frac{\frac{(n+1)!}{(n+1)^{n+1}}}{\frac{n!}{n^n}} \right| = \lim_{n\to\infty} \left| \frac{n^n}{(n+1)^n} \right| = \lim_{n\to\infty} \left(\frac{n}{n+1} \right)^n$

$$= \lim_{n\to\infty} \left(1 + \frac{-1}{n+1}\right)^n = \lim_{n\to\infty} \left\{ \left(1 - \frac{1}{n+1}\right)^{-(n+1)} \right\}^{\left(-\frac{n}{n+1}\right)}$$

$= e^{-1} = \frac{1}{e} < 1$ 이므로,

비 판정법에 의해서, 급수 $\sum_{n=1}^{\infty} \frac{n!}{n^n}$ 는 수렴한다.

정의 2.5

두 복소 급수 $\sum_{n=0}^{\infty} z_n$ 와 $\sum_{n=0}^{\infty} w_n$ 의 Cauchy 곱(Cauchy product) $\sum_{n=0}^{\infty} u_n = \left(\sum_{n=0}^{\infty} z_n\right)\left(\sum_{n=0}^{\infty} w_n\right)$을 다음과 같이 정의한다 :

$$u_n = \sum_{k=0}^{n} z_k w_{n-k}.$$

정리 2.7

두 복소 급수 $\sum_{n=0}^{\infty} z_n$ 와 $\sum_{n=0}^{\infty} w_n$ 가 절대수렴하면, Cauchy 곱 $\sum_{n=0}^{\infty} u_n = \left(\sum_{n=0}^{\infty} z_n\right)\left(\sum_{n=0}^{\infty} w_n\right)$ 도 절대수렴한다.

증명) 두 복소 급수 $\sum_{n=0}^{\infty} z_n$ 와 $\sum_{n=0}^{\infty} w_n$ 가 절대수렴하면, $\lim_{m\to\infty}\left(\sum_{n=0}^{2m} u_n - \left(\sum_{n=0}^{m} z_n\right)\left(\sum_{n=0}^{m} w_n\right)\right) = 0$ 이다.

그러므로 $\sum_{n=0}^{\infty} u_n = \lim_{m\to\infty}\sum_{n=0}^{2m} u_n = \left(\sum_{n=0}^{\infty} z_n\right)\left(\sum_{n=0}^{\infty} w_n\right).$

정의 2.6

복소 함수열 $\{f_n\}_{n=1}^{\infty}$, 즉 $f_n : \Omega \to \mathbf{C}$; 복소 함수에 대하여,

(1) $\forall \epsilon > 0,\ \exists N \in \mathbf{N} : n \geq N \Rightarrow |f_n(z) - f(z)| < \epsilon,\ \forall z \in \Omega$ 이면, Ω 에서 정의된 복소 함수열 $\{f_n\}_{n=1}^{\infty}$ 이 복소 함수 f 에 균등수렴한다고 정의한다.

(2) $\lim_{n\to\infty} \left| f(z) - \sum_{k=1}^{n} f_k(z) \right| = 0$ 이면, $\sum_{n=1}^{\infty} f_n(z) = f(z)$ 라고 한다.

(3) 부분합의 수열 $S_n(z) = \sum_{i=1}^{n} f_i(z)$ 이 Ω 에서 균등수렴하면, 즉, $\lim_{n\to\infty} \sup_{z\in\Omega} \left| f(z) - \sum_{k=1}^{n} f_k(z) \right| = 0$ 이면 급수 $\sum_{n=1}^{\infty} f_n(z)$ 가 균등수렴(uniformly convergent)한

다고 정의한다.

정리 2.8 [Cauchy 판정법]

(1) 복소 함수열 $\{f_n\}_{n=1}^{\infty}$ 이 $\Omega \subset \mathbf{C}$ 에서 균등수렴할 필요충분조건은

$\forall \epsilon > 0,\ \exists N \in \mathbf{N}:\ m,\ n \geq N \Rightarrow |f_m(z) - f_n(z)| < \epsilon,\ \forall z \in \Omega.$

(2) 급수 $\sum_{n=1}^{\infty} f_n(z)$ 가 $\Omega \subset \mathbf{C}$ 에서 균등수렴할 필요충분조건은

$\forall \epsilon > 0,\ \exists N \in \mathbf{N}:\ m,\ n \geq N \Rightarrow \left|\sum_{k=n+1}^{m} f_k(z)\right| < \epsilon,\ \forall z \in \Omega.$

정리 2.9

(1) 복소 함수 f_n 이 $\Omega \subset \mathbf{C}$ 에서 연속함수이고, 복소 함수열 $\{f_n\}_{n=1}^{\infty}$ 이 f 에 균등수렴하면, f 는 $\Omega \subset \mathbf{C}$ 에서 연속함수이고,

(2) $f_n(z)$ 가 $\Omega \subset \mathbf{C}$ 에서 연속함수이고, $f(z) = \sum_{n=1}^{\infty} f_n(z)$ 가 $\Omega \subset \mathbf{C}$ 에서 균등수렴하면, f 는 $\Omega \subset \mathbf{C}$ 에서 연속함수이다.

정리 2.10 [Weierstrass M-판정법]

$\Omega \subset \mathbf{C}$ 에서 정의된 복소 함수열 $\{f_n\}_{n=1}^{\infty}$ 에 대하여, $\exists$ 실수열 $\{M_n\}_{n=1}^{\infty}$, $M_n \geq 0$:

(1) $|f_n(z)| \leq M_n,\ \forall z \in \Omega,$

(2) $\sum_{n=1}^{\infty} M_n$ 이 수렴한다고, 가정하면, 급수 $\sum_{n=1}^{\infty} f_n(z)$ 는 $\Omega \subset \mathbf{C}$ 에서 절대수렴하고, 균등수렴한다.

증명) $\sum_{n=1}^{\infty} M_n$ 이 수렴하므로, $\forall \epsilon > 0,\ \exists N \in \mathbf{N}:\ m,\ n \geq N \Rightarrow \left|\sum_{k=n+1}^{m} M_k\right| = \sum_{k=n+1}^{m} M_k < \epsilon.$

따라서 $n \geq N$ 에 대하여, $\left|\sum_{k=n+1}^{m} f_k(z)\right| \leq \sum_{k=n+1}^{m} |f_k(z)| \leq \sum_{k=n+1}^{m} M_k < \epsilon$ 이다.

그러므로 Cauchy-판정법에 의하여, 급수 $\sum_{n=1}^{\infty} f_n(z)$ 는 $\Omega \subset \mathbf{C}$에서 절대수렴하고, 균등수렴한다.

예제 2.4

(1) 기하급수 $\sum_{n=0}^{\infty} z^n$은 $\{z : |z| < 1\}$에서 $1/(1-z)$에 균등수렴하지 않지만, $\{z : |z| < 1/2\}$에서는 $1/(1-z)$에 균등수렴한다.

(2) $\sum_{n=1}^{\infty} \frac{z^n}{n}$은 $\{z : |z| \le r,\ 0 \le r < 1\}$에서 균등수렴한다.

정리 2.11

Ω가 복소평면에서의 영역(domain)이고, $f_n(z)$가 Ω에서 연속함수이며, $\sum_{n=0}^{\infty} f_n(z)$가 Ω에서 $f(z)$에 균등수렴하면, f도 Ω에서 연속이고, Ω 안의 모든 경로(contour) C에 대하여, 다음이 성립한다:

$$\int_C \sum_{n=0}^{\infty} f_n(z)dz = \sum_{n=0}^{\infty} \int_C f_n(z)dz = \int_C f(z)dz .$$

2.2 멱급수의 수렴 반경

정의 2.7

주어진 복소 수열 $\{a_n\}_{n=0}^{\infty}$와 복소수 z_0에 대하여, 복소 멱급수는 $\sum_{n=0}^{\infty} a_n(z-z_0)^n$로

정의된다.

보조정리 2.11.1 [Abel과 Weierstrass의 정리]

$r_0 \geq 0$이고 $|a_n| r_0^n \leq M,\ \forall n$이면, $r < r_0$에 대하여, 복소멱급수 $\sum_{n=0}^{\infty} a_n (z-z_0)^n$는 $\overline{D}(z_0, r) = \{z \in \mathbf{C} : |z - z_0| \leq r\}$에서 균등수렴하고, 절대수렴한다.

정리 2.12

주어진 복소멱급수 $\sum_{n=0}^{\infty} a_n (z-z_0)^n$에 대하여, $\exists$ 수렴반경 R, $0 \leq R \leq \infty$:

(1) $|z - z_0| < R$이면, 주어진 멱급수는 수렴하고,

(2) $|z - z_o| > R$이면, 주어진 멱급수는 발산하며,

(3) $D(z_0, R) = \{z \in \mathbf{C} : |z - z_0| < R\}$에 포함되는 모든 닫힌원판(closed disc)에서, 주어진 멱급수는 균등수렴(uniform convergence)하고 절대수렴한다.

증명) $R = \sup\left\{r \geq 0 : \sum_{n=1}^{\infty} |a_n| r^n : \text{수렴}\right\}$이라고 가정하면,

(1) $r_0 < R$이면, $\exists r_1 : r_0 < r_1 < R : \sum_{n=0}^{\infty} |a_n| r_1^n$이 수렴한다.

그러면, 비교판정법에 의하여, $\sum_{n=0}^{\infty} |a_n| r_0^n$도 수렴한다.

$|a_n| r_0^n$이 유계이므로, 보조정리 2.2에 의하여, 멱급수 $\sum_{n=0}^{\infty} a_n (z-z_0)^n$는 $\overline{D}(z_0, r) = \{z \in \mathbf{C} : |z - z_0| \leq r\}$, $\forall r < r_0$에서 균등수렴하고, 절대수렴한다.

$\forall z \in D(z_0, R)$, $\exists \overline{D}(z_0, r) : z \in \overline{D}(z_0, r)$이고, $\exists r_0 : r < r_0 < R$이므로 $|z - z_0| < R$일 때, 주어진 멱급수는 수렴한다.

(2) $|z - z_o| > R$이고, $\sum_{n=0}^{\infty} a_n (z-z_0)^n$가 수렴한다고 가정하면, $a_n (z-z_0)$가 유계이므

로, 보조정리 2.2에 의하여, $\exists r : R < r < |z - z_0|$, $\overline{D}(z_o, r)$ 에서 $\sum_{n=0}^{\infty} a_n (z - z_0)^n$ 가 절대수렴한다.

비교판정법에 의해서, $\sum_{n=0}^{\infty} |a_n| r^n$ 도 수렴한다. 그러나 이 사실은 R의 정의에 모순되므로$(R < R)$, $|z - z_o| > R$ 이면, 주어진 멱급수는 발산한다.

(3) $z \in \overline{D}(z_0, r)$ 에 대하여, $|a_n (z - z_0)^n| \leq |a_n| r^n \leq M\left(\frac{r}{r_0}\right)^n$, $r_0 \geq 0$, $|a_n| r_0^n \leq M$, 이므로, $M_n = M\left(\frac{r}{r_0}\right)^n$ 이라고 놓으면, $\frac{r}{r_0} < 1$ 이므로, $\sum_{n=0}^{\infty} M_n$ 은 수렴한다.

따라서 Weierstrass의 M-판정법에 의해서, 주어진 멱급수 $\sum_{n=0}^{\infty} a_n (z - z_0)^n$ 는 $\overline{D}(z_0, r)$에서 균등수렴하고 절대수렴한다.

정리 2.13

멱급수 $\sum_{n=0}^{\infty} a_n z^n$ 에 대하여, $A = \lim_{n \to \infty} \sup |a_n|^{1/n}$ 이면, 멱급수의 수렴반경 $R = \frac{1}{A}$ 이다.

증명) $A = \lim_{n \to \infty} \sup |a_n|^{1/n}$ 이고, $|z| < \frac{1}{A}$ 라고 가정하면,

$\lim_{n \to \infty} |a_n z^n|^{\frac{1}{n}} = |z| \lim_{n \to \infty} |a_n|^{\frac{1}{n}} = |z| A < A \frac{1}{A} = 1$ 이므로,

$|z| < \frac{1}{A}$ 에서 멱급수 $\sum_{n=0}^{\infty} a_n z^n$ 는 수렴한다.

따라서 $|z| < R = \frac{1}{A}$ 에서 멱급수 $\sum_{n=0}^{\infty} a_n z^n$ 는 수렴한다.

그러므로 수렴반경 $R = \frac{1}{A}$ 이다.

정리 2.14

멱급수 $\sum_{n=0}^{\infty} a_n z^n$ 에 대하여, $A = \lim_{n\to\infty} \left| \frac{a_{n+1}}{a_n} \right|$ 이면 멱급수의 수렴반경 $R = \frac{1}{A}$ 이다.

증명) $A = \lim_{n\to\infty} \left| \frac{a_{n+1}}{a_n} \right|$ 이고, $|z| < \frac{1}{A}$ 라고 가정하면, $u_n = a_n z^n$ 이라 놓으면,

$\lim_{n\to\infty} \left| \frac{u_{n+1}}{u_n} \right| = \lim_{n\to\infty} \left| \frac{a_{n+1}z^{n+1}}{a_n z^n} \right| = |z| \lim_{n\to\infty} \left| \frac{a_{n+1}}{a_n} \right| < \frac{1}{A}A = 1$ 이므로, 비 판정법에 의해, $|z| < \frac{1}{A}$ 에서 멱급수 $\sum_{n=0}^{\infty} a_n z^n$ 는 수렴한다.

따라서 $|z| < R = \frac{1}{A}$ 에서 멱급수 $\sum_{n=0}^{\infty} a_n z^n$ 는 수렴한다.

그러므로 수렴반경 $R = \frac{1}{A}$ 이다.

□ **참고 2.5**□

멱급수 $\sum_{n=0}^{\infty} a_n z^n$ 의 수렴반경 R :

$$R = \lim_{n\to\infty} |a_n|^{-\frac{1}{n}} = \lim_{n\to\infty} \left| \frac{a_n}{a_{n+1}} \right| = \lim_{n\to\infty} \frac{1}{|a_n|^{\frac{1}{n}}}$$

예제 2.5

(1) 멱급수 $\sum_{n=1}^{\infty} \frac{z^n}{n}$ 의 수렴반경 $R = 1$ 이다.

왜냐하면, $a_n = \frac{1}{n}$ 에 대하여, $R = \lim_{n\to\infty} \left| \frac{a_n}{a_{n+1}} \right| = \lim_{n\to\infty} \frac{n+1}{n} = 1$.

특히, $z = -1$ 이면, $\sum_{n=1}^{\infty} \frac{z^n}{n}$ 은 교대급수 판정법에 의하여 수렴하고, $z = 1$ 이면, $\sum_{n=1}^{\infty} \frac{z^n}{n}$ 는 조화급수가 되어 발산한다.

(2) 멱급수 $\sum_{n=1}^{\infty} \frac{z^n}{n^2}$ 의 수렴반경 R도 1이다.

왜냐하면, $a_n = \frac{1}{n^2}$ 에 대하여, $R = \lim_{n\to\infty} \left| \frac{a_n}{a_{n+1}} \right| = \lim_{n\to\infty}\left(\frac{n+1}{n}\right)^2 = 1.$

$|z| \le 1$ 이면, Weierstrass M-판정법에 의하여, 멱급수 $\sum_{n=1}^{\infty} \frac{z^n}{n^2}$ 는 절대수렴하고 균등수렴하며, $|z| > 1$ 이면, $\lim_{n\to\infty} \frac{|z|^n}{n^2} = \infty$ 이므로, $\sum_{n=1}^{\infty} \frac{z^n}{n^2}$ 은 발산한다.

특히 $z = 1$ 이면 $\sum_{n=1}^{\infty} \frac{z^n}{n^2}$ 는, p-급수 판정법에 의해, 수렴한다.

정의 2.8

두 멱급수 $\sum_{n=0}^{\infty} a_n z_n$ 과 $\sum_{n=0}^{\infty} b_n z^n$ 의 곱의 멱급수 $\sum_{n=0}^{\infty} c_n z^n$ 은 다음과 같이 정의한다 :

$$\sum_{n=0}^{\infty} c_n z^n = \left(\sum_{n=0}^{\infty} a_n z^n\right)\left(\sum_{n=0}^{\infty} b_n z^n\right) = \sum_{n=0}^{\infty}\left(\sum_{k=0}^{n} a_k b_{n-k}\right) z^n .$$

여기서, $c_n = \sum_{k=0}^{n} a_k b_{n-k}$ 이고 이를 Cauchy 곱(Cauchy product)이라고 부른다.

정리 2.15

두 멱급수 $\sum_{n=0}^{\infty} a_n z_n$ 과 $\sum_{n=0}^{\infty} b_n z^n$ 의 수렴반경이 각각 R과 S이고, $|z| < \min(R, S)$ 이면 곱의 멱급수 $\sum_{n=0}^{\infty} c_n z^n = \left(\sum_{n=0}^{\infty} a_n z^n\right)\left(\sum_{n=0}^{\infty} b_n z^n\right) = \sum_{n=0}^{\infty}\left(\sum_{k=0}^{n} a_k b_{n-k}\right) z^n$ 는 절대수렴한다.

예제 2.6

멱급수 $\sum_{n=0}^{\infty} z^n$ 의 수렴반경 $R = 1$ 이다.

실제로 이 멱급수는 기하급수이므로, $|z| < 1$ 에서 $\sum_{n=0}^{\infty} z^n = \frac{1}{1-z}$ 이다.

따라서 $\left(\sum_{m=0}^{\infty} z^m\right)\left(\sum_{n=0}^{\infty} z^n\right) = 1 + 2z + 3z^2 + 4z^3 + \cdots = \frac{1}{(1-z)^2}$, $|z| < 1$ 이다.

정의 2.9 [복소 지수함수 : e^z]

복소 지수함수 exp: $\mathbf{C} \to \mathbf{C}$ 는 모든 복소수 z 에 관하여 다음과 같이 정의한다:

$$\exp(z) = e^z = \sum_{n=0}^{\infty} \frac{z^n}{n!}, \text{ 수렴반경 } R = \infty .$$

보조정리 2.15.1

임의의 복소수 z_1, z_2 에 대하여, $\exp(z_1 + z_2) = \exp(z_1)\exp(z_2)$ 이다.

증명)
$$\exp(z_1)\exp(z_2) = \left(\sum_{k=0}^{\infty} \frac{(z_1)^k}{k!}\right)\left(\sum_{m=0}^{\infty} \frac{(z_2)^m}{m!}\right)$$
$$= \sum_{n=0}^{\infty} \frac{1}{n!} \sum_{k=0}^{n} \frac{n!}{k!(n-k)!} (z_1)^k (z_2)^{n-k}$$
$$= \sum_{n=0}^{\infty} \frac{(z_1 + z_2)^n}{n!}$$
$$= \exp(z_1 + z_2) .$$

□ **참고 2.6**□

(1) $\exp(z) \neq 0$, $\exp(-z) = 1/\exp(z)$,

왜냐하면, $e^z e^{-z} = e^{z-z} = e^0 = 1$.

(2) $\exp(z) = \exp(x + iy) = \exp(x)\exp(iy) = e^x(\cos y + i\sin y)$,

(3) $\exp(iz) = \cos(z) + i\sin(z)$, $\exp(-iz) = \cos(z) - i\sin(z)$,

(4) (3)으로부터, $\cos(z) = \{\exp(iz) + \exp(-iz)\}/2$,

$\sin(z) = [\exp(iz) - ex[(-iz)]/(2i)$.

(5) $\sin(z) = \sum_{n=0}^{\infty} \frac{(-1)^n z^{2n+1}}{(2n+1)!}$, $\cos(z) = \sum_{n=0}^{\infty} \frac{(-1)^n z^{2n}}{(2n)!}$.

(6) 복소 지수함수 exp: $\mathbf{C} \to \mathbf{C} - \{0\}$ 는 전사함수(surjective)이다.

왜냐하면, 주어진 복소수 w 에 대하여, $\exists r, \theta \in \mathbf{R} : r > 0$,

$w = r(\cos\theta + i\sin\theta)$. 즉, $\exists x \in \mathbf{R}$: $r = e^x$ 이면,

$w = \exp(x + i\theta)$.

보조정리 2.15.2

임의의 복소수 z_1, z_2에 대하여, $\exp(z_1) = \exp(z_2) \Leftrightarrow \exists n \in \mathbf{Z} : z_1 - z_2 = 2\pi in$.

증명) $(\Rightarrow)$

$\exp(z_1) = \exp(z_2)$이고, $z_1 - z_2 = u + iv$, $u, v \in \mathbf{R}$이면,

$\exp(z_1 - z_2) = \exp(u + iv) = e^u(\cos v + i\sin v) = 1$,

$e^u = 1$, $\cos v = 1$, $\sin v = 0$,

따라서 $u = 0$, $\exists n \in \mathbf{Z} : v = 2n\pi$,

그러므로 $\exists n \in \mathbf{Z} : z_1 - z_2 = 2\pi\in$.

$(\Leftarrow)$

$\exists n \in \mathbf{Z} : z_1 - z_2 = 2\pi\in$ 이면,

$\exp(z_1) = \exp(z_2)\exp(2\pi\in) = \exp(z_2)(\cos 2\pi n + i\sin 2\pi n) = \exp(z_2)$.

정리 2.16

$D = \mathbf{C} - \{x \in \mathbf{R} : x \leq 0\}$이면, 유일한 연속함수 $\log : D \to \mathbf{C}$가 존재하여 다음조건을 만족한다:

(1) $\log(1) = 0$,

(2) $|\operatorname{Im}(\log(z))| < \pi$,

(3) $\exp(\log(z)) = z$, $\forall z \in D$,

(4) $\log(z) = \log|z| + i\operatorname{Arg}(z)$, $-\pi < \operatorname{Arg}(z) < \pi$.

증명) 개집합 D에 속하는 주어진 임의의 복소수 w 에 대하여, $\exists r, \theta \in \mathbf{R}$: $r > 0$, $-\pi < \theta < \pi$, $w = re^{i\theta}$.

따라서 $\log(w) = \log(re^{i\theta}) = \log(r) + i\theta$를 만족하는 잘 정의된 함수 $\log : D \to \mathbf{C}$ 가 존재한다.

그리고 $\exp(\log(re^{i\theta})) = \exp(\log(r))\exp(i\theta) = re^{i\theta}$이므로, $\exp(\log(z)) = z$, $\forall z \in D$.

$x, y \in \mathbf{R}$이고,

(a) $y>0$ 이면, $\log(x+iy)=\frac{1}{2}\log(x^2+y^2)+i\cos^{-1}\left(\frac{x}{\sqrt{x^2+y^2}}\right)$ 이고,

(b) $y<0$ 이면, $\log(x+iy)=\frac{1}{2}\log(x^2+y^2)-i\cos^{-1}\left(\frac{x}{\sqrt{x^2+y^2}}\right)$ 이고,

(c) $x>0$ 이면, $\log(x+iy)=\frac{1}{2}\log(x^2+y^2)+i\sin^{-1}\left(\frac{y}{\sqrt{x^2+y^2}}\right)$ 이다.

여기서 $\sin^{-1}: [-1, 1]\to[-\pi/2, \pi/2]$ 와 $\cos^{-1}: [-1, 1]\to[0, \pi]$ 는 각각 sine 함수와 cosine 함수의 역함수이다.

개집합 $D=\{z: \operatorname{Im}(z)>0\}\cup\{z: \operatorname{Im}(z)<0\}\cup\{z: \operatorname{Re}(z)<0\}$ 이므로,

(1) $\log(1)=0$,

(2) $|\operatorname{Im}(\log(z))|<\pi$,

(3) $\exp(\log(z))=z$, $\forall z\in D$,

(4) $\log(z)=\log|z|+i\operatorname{Arg}(z)$, $-\pi<\operatorname{Arg}(z)<\pi$ 인 $\log: D\to C$ 에서 유일한 연속함수이다.

□ 참고 2.7□

(1) $\log z=\log|z|+i\arg z$,

(2) $\forall a, b\in\mathbf{R}$, $a^b=e^{b\ln a}$,

(3) $\forall \alpha, \beta\in\mathbf{C}$ $\alpha^\beta=e^{\beta\log\alpha}=e^{b[\log|\alpha|+i\arg(\alpha)]}$

예제 2.7

(1) $\log i=\log|i|+i\left(\frac{\pi}{2}+2n\pi\right)$, $n\in\mathbb{Z}$

(2) $\sqrt{\sqrt{-1}}=i^{\frac{1}{2}}=e^{\frac{1}{2}\log i}=e^{\frac{1}{2}\left\{i\left(\frac{\pi}{2}+2n\pi\right)\right\}}=e^{i\left(\frac{\pi}{4}+n\pi\right)}$, $n=0, 1$

$n=0$ 일 때 $e^{i\frac{\pi}{4}}=\cos\frac{\pi}{4}+i\sin\frac{\pi}{4}=\frac{1}{\sqrt{2}}+i\frac{1}{\sqrt{2}}$

$n=1$일 때 $e^{i\frac{5\pi}{4}}=\cos\frac{5\pi}{4}+i\sin\frac{5\pi}{4}=\frac{1}{-\sqrt{2}}-i\frac{1}{\sqrt{2}}$

$\therefore z^2=i$ 의 두 근이 $e^{i\frac{\pi}{4}}$, $e^{i\frac{5\pi}{4}}$

(3) $1^{i} = e^{i\log 1} = e^{i\{\log|1| + i(0+2n\pi)\}} = e^{-2n\pi},\ n \in \mathbb{Z}$

| 문제 2.4 |

(1) $i^{i} = e^{i\log i} = e^{i\left\{\log|i| + i\left(\frac{\pi}{2} + 2n\pi\right)\right\}} = e^{-\left(\frac{\pi}{2} + 2n\pi\right)},\ n \in \mathbb{Z}$

(2) $\log(1-i)^{i} = \ ?$

$$(1-i)^{i} = e^{i\log(1-i)} = e^{i\left\{\log|1-i| + i\left(-\frac{\pi}{4} + 2n\pi\right)\right\}}$$

$$= e^{i\left\{\log\sqrt{2} + i\left(-\frac{\pi}{4} + 2n\pi\right)\right\}},\ n \in \mathbb{Z} \text{ 이므로}$$

$$\log(1-i)^{i} = \log e^{i\left\{\log\sqrt{2} + i\left(-\frac{\pi}{4} + 2n\pi\right)\right\}} = i\left\{\log\sqrt{2} + i\left(-\frac{\pi}{4} + 2n\pi\right)\right\}$$

$$= \frac{\pi}{4} - 2n\pi + i\log\sqrt{2}$$

정리 2.17 [이항급수(Binomial series)]

$\binom{\alpha}{n} = \dfrac{\alpha(\alpha-1)\cdots(\alpha-n+1)}{n!}$ 이고, $\binom{\alpha}{0} = 1$ 일 때, 이항급수를 다음과 같이 정의하면 :

$$\sum_{n=0}^{\infty} \binom{\alpha}{n} z^{n} = (1+z)^{\alpha}.$$

(1) α가 음이 아닌 정수가 아니면, 이 이항급수의 수렴반경 $R = 1$ 이고,

(2) α가 자연수이면, 이 이항급수의 수렴반경 $R = +\infty$ 이다.

증명) (1) α가 음이 아닌 정수가 아니면, 모든 계수 $a_n = \binom{\alpha}{n} \neq 0$,

그래서 $A = \lim_{n\to\infty} \left| \dfrac{a_{n+1}}{a_n} \right| = \lim_{n\to\infty} \left| 1 - \dfrac{\alpha}{n} \right| = 1$ 이다.

따라서 수렴반경 $R = 1/A = 1$ 이다.

(2) $\alpha = N \in \mathbf{N}$ 이면, $n > N$ 일 때, 이항계수 $\binom{\alpha}{n} = 0$ 이므로,

이 이항급수는 Newton의 이항전개로 줄어든다. 그러므로 수렴반경 $R = \infty$ 이다.

연습문제

1. 멱급수 $\sum_{n=0}^{\infty} \frac{nz^n}{2^n}$ 의 수렴반경 R을 구하라.

2. 멱급수 $\sum_{n=0}^{\infty} n!z^n$ 의 수렴반경 R을 구하라.

3. 멱급수 $\sum_{n=0}^{\infty} 2^n z^{2n}$ 의 수렴구간을 구하라.

4. $\exists A > 0 : |z_n| \geq A,\ \forall n \in \mathbf{N}$ 이고, 복소 수열 $\{z_n\}$ 이 복소수 z_0 에 수렴하면, 복소 수열 $\left\{\frac{1}{z_n}\right\}$ 은 복소수 $\frac{1}{z_0}$ 에 수렴함을 보여라.

5. Weierstrass 의 M-판정법을 이용하여, 다음 각 멱급수가 주어진 구역에서 균등수렴 (uniformly convergent)함을 증명하라.

(a) $\sum_{n=1}^{\infty} \frac{z^n}{n^2},\ \overline{D(0,\ 1)} = \{z \in \mathbf{C} : |z| \leq 1\},$

(b) $\sum_{n=0}^{\infty} \frac{1}{z^n},\ A = \{z \in \mathbf{C} : |z| \geq 2\},$

(c) $\sum_{n=0}^{\infty} \frac{z^n}{z^n + 1},\ \overline{D(0,\ r)} = \{z \in \mathbf{C} : |z| \leq r\},\ 0 \leq r < 1.$

6. 다음 수렴급수의 합을 구하라.

(a) $\sum_{n=0}^{\infty} \frac{3}{(1+i)^n},$

(b) $\sum_{n=0}^{\infty}(-1)^n\left(\frac{2}{3}\right)^n$.

7. 복소 수열 $\{z_n\}_{n=1}^{\infty}$ 이 수렴하면, $n \to \infty$ 일 때, $(z_n - z_{n-1}) \to 0$ 임을 증명하라.

8. 비교 판정법을 이용하여, 복소 급수 $\sum_{n=0}^{\infty}\frac{3+2i}{(n+1)^n}$ 이 수렴함을 보여라.

9. 고정된 0이 아닌 복소수 z_0에 대하여, 복소멱급수 $\sum_{n=0}^{\infty}\left(\frac{z}{z_0}\right)^n$, $|z| < |z_o|$, 가 수렴함을 증명하라.

10. 고정된 0이 아닌 복소수 z_0에 대하여, $0 < r < |z_0|$ 이면, 복소멱급수 $\sum_{n=0}^{\infty}\left(\frac{z}{z_0}\right)^n$ 은 모든 폐원판 $\overline{D(0, r)} = \{z \in \mathbf{C} : |z| \le r\}$ 에서 균등수렴(uniformly convergent)함을 증명하라.

11. 복소 함수열 $f_n(z) = \frac{z^n}{z^n - 3^n}$, $n = 1, 2, \ldots$, 은 $|z| < 3$ 에서 0에 수렴하고, $|z| > 3$에서 1에 수렴함을 증명하라.

12. 멱급수 $f(z)=\sum_{n=0}^{\infty}(n+1)\frac{(z-1)^n}{2^n}$ 에 대하여,

(a) 위 멱급수의 수렴 원판(disk of convergence)을 구하라.

(b) $z_0 = 1$ 에서 함수 $\frac{2}{3-z}$ 를 멱급수 전개하라.

(c) (b)에서, 멱급수의 항별 미분을 이용하여, 주어진 함수 f 를 구하라.

13. $z_0 = i$ 에서 복소 함수 $f(z) = \frac{e^z}{(z+1)(z-1)(z-2)(z-3)}$ 에 대한 Taylor 급수의

수렴반경 R을 구하라.

14. $\{a_n\}_{n=0}^{\infty}$이 유계 복소 수열일 때, $|z| < 1$이면, 멱급수 $\sum_{n=0}^{\infty} a_n z^n$이 수렴함을 증명하라.

CHAPTER 03

해석적 함수

복소 함수가 미분가능하기 위해서는 Cauchy–Riemann 방정식을 만족해야 한다.
거의 대부분의 표준함수들, 예를 들면 복소 다항식, 복소 지수함수, 복소 삼각함수 등은 Cauchy–Riemann 방정식을 만족하고, 미분가능하다.

3.1 복소 함수의 극한과 미분가능성

정의 3.1

영역 Ω에서 정의된 복소 함수 $f: \Omega \subset \mathbf{C} \to \mathbf{C}$, $w = f(z) = f(x+iy)$는 다음과 같이 표현한다: $w = f(x+iy) = u(x, y) + iv(x, y)$.

예제 3.1

(1) $w = f(z) = z+1-i$는 $w = f(z) = (x+1) + i(y-1)$,

$u(x, y) = x+1$, $v(x, y) = y-1$.

(2) $w = f(z) = z^2 = x^2 - y^2 + i2xy$는

$u(x, y) = x^2 - y^2$, $v(x, y) = 2xy$,

또는 $f(re^{i\theta}) = r^2 e^{i2\theta} z = re^{i\theta} \in \mathbf{C}$.

(3) $w = f(z) = x^2 + iy^2$은 $f(z) = \mathrm{Re}(z)^2 + i\mathrm{Im}(z)^2$.

도함수를 정의하기 위해 복소 함수의 극한을 도입한다.

정의 3.2

뚫린 원판 $D^*(z_0, r) = \{z \in \mathbf{C} : 0 < |z - z_0| < r\}$을 포함하는 영역 Ω에서 정의된 복소 함수 f에 대하여, $\forall \epsilon > 0, \exists \delta > 0 : 0 < |z - z_0| < \delta \Rightarrow |f(z) - L| < \epsilon$이면, $\lim_{z \to z_0} f(z) = L$ 또는 $z \to z_0$일 때, $f(z) \to L$이라고 말한다.

예제 3.2

(1) $\lim_{z \to 2+i} z+1 = 3+i$.

(2) $\lim_{z\to 0}\frac{z}{|z|}$ 는 존재하지 않는다 : 왜냐하면,

(a) z 가 양의 실수축을 따라 0 에 접근하면,

$\lim_{z\to 0}\frac{z}{|z|}=\lim_{x\to 0^+}\frac{x}{|x|}=1$ 이고,

(b) z 가 허수축을 따라 0 에 접근하면,

$\lim_{z\to 0}\frac{z}{|z|}=\lim_{y\to 0^+}\frac{iy}{|iy|}=i$ 이며,

(c) z 가 음의 실수축을 따라 0 에 접근하면,

$\lim_{z\to 0}\frac{z}{|z|}=\lim_{x\to 0^-}\frac{x}{|x|}=-1$ 이므로.

□ 참고 3.1 □ [Squeeze Test]

h 가 $\lim_{z\to z_0}h(z)=0$ 을 만족하는 실함수이고, $|f(z)-L|<h(z)$, $\forall z\neq z_0$ 이면, $\lim_{z\to z_0}f(z)=L$ 이다.

정의 3.3

영역 Ω 에서 정의된 복소 함수 f 와 $z_0\in\Omega$ 에 대하여, $\lim_{z\to z_0}f(z)=f(z_0)$ 이면, f 는 z_0 에서 연속이라고 말한다.

그리고 f 가 영역 Ω 의 모든 점에서 연속이면, f 는 Ω 에서 연속이라고 정의한다.

예제 3.3

(1) 복소 지수함수 $f(z)=e^z$ 는 복소평면 전체 **C** 에서 연속이다.

(2) 주편각 Arg(z) 는 원점을 포함하는 음의 실수축을 제외한 복소 평면에서 연속이다.

□ 참고 3.2 □

(1) 모든 복소 다항식 $p(z)=a_0+a_1z+a_2z^2+\cdots+a_nz^n$ 은 연속함수이다.

(2) 복소 함수 f와 g가 z_0에서 연속이면, $f \pm g$, fg도 z_0에서 연속이며, $g(z_0) \neq 0$이면, $\frac{f}{g}$ 또한 z_0에서 연속이다.

(3) f가 z_0에서 연속이고, g가 $f(z_0)$에서 연속이면, 합성함수 $g \circ f$는 z_0에서 연속이다.

(4) $u(x, y)$와 $v(x, y)$가 x와 y에 관하여 연속함수이면, 복소 함수 $f(z) = f(x+iy) = u(x, y) + iv(x, y)$는 $z = x+iy$에 관하여 연속함수이다.

정의 3.4

복소 함수 f의 복소 도함수 f' 또는 $\frac{df}{dz}$는 다음과 같이 정의한다:

$$\frac{df}{dz}(z_0) = \lim_{z \to z_0} \frac{f(z) - f(z_0)}{z - z_0}.$$

위 극한이 존재하면, f는 z_0에서 복소 미분가능(complex differentiable)하다 또는 f는 z_0에서 미분가능(differentiable)하다 라고 말한다.

정리 3.1

f가 z_0에서 미분가능하면, $\frac{df}{dz}(z_0) = \frac{\partial f}{\partial x}(z_0) = -i\frac{\partial f}{\partial y}(z_0)$이다.

이때, 방정식 $\frac{\partial f}{\partial x} = -i\frac{\partial f}{\partial y}$를 Cauchy-Riemann 방정식이라고 부른다.

증명) (1) $z = x+iy \to z_0 = x_0 + iy$이면,

$$\lim_{z \to z_0} \frac{f(x+iy) - f(x_0+iy)}{(x+iy) - (x_0+iy)} = \frac{\partial f}{\partial x}(z_0)$$ 이고,

(2) $z = x+iy \to z_0 = x+iy_0$이면,

$$\lim_{z \to z_0} \frac{f(x+iy) - f(x+iy_0)}{(x+iy) - (x+iy_0)} = -i\frac{\partial f}{\partial y}(z_0)$$ 이므로,

$$\frac{df}{dz}(z_0) = \frac{\partial f}{\partial x}(z_0) = -i\frac{\partial f}{\partial y}(z_0)$$ 이다.

정리 3.2

복소 함수 f의 편도함수가 존재하고, 연속이며, $\frac{df}{dz}(z_0) = \frac{\partial f}{\partial x}(z_0) = -i\frac{\partial f}{\partial y}(z_0)$ 이면, f는 z_0에서 복소 미분가능하다.

증명) $z = z_0 + \Delta z = z_0 + \Delta x + i\Delta y$ 에 대하여, Taylor정리를 이용하면,

$$f(z) = f(z_0) + \frac{\partial f}{\partial x}(z_0)\Delta x + \frac{\partial f}{\partial y}(z_0)\Delta y + R_2$$

$$= f(z_0) + \frac{\partial f}{\partial x}(z_0)(\Delta x + i\Delta y) + R_2 \text{ 이므로,}$$

$$f'(z_0) = \lim_{z \to z_0}\frac{f(z) - f(z_0)}{z - z_0} = \lim_{\Delta x \to 0, \Delta y \to 0}\frac{f(z_0 + \Delta x + i\Delta y) - f(z_0)}{\Delta x + i\Delta y} = \frac{\partial f}{\partial x}(z_o).$$

예제 3.4

(1) $f(z) = z^2 = (x^2 - y^2) + i(2xy)$ 에 대하여,

편도함수 $\frac{\partial f}{\partial x} = 2x + i2y$, $\frac{\partial f}{\partial y} = -2y + i2x$ 가 모든 x와 y에 대하여, $\frac{\partial f}{\partial x} = -i\frac{\partial f}{\partial y}$ 를 만족하므로, 정리 3.2에 의해서, 함수 f는 복소평면 전체에서 미분가능하고, $\frac{df}{dz} = \frac{\partial f}{\partial x} = 2x + i2y = 2z$.

(2) $f(z) = e^z = e^{x+iy} = e^x\cos y + ie^x\sin y$에 대하여,

편도함수 $\frac{\partial f}{\partial x} = e^x\cos y + ie^x\sin y$, $\frac{\partial f}{\partial y} = -e^x\sin y + ie^x\cos y$ 가 모든 x와 y에 대하여, $\frac{\partial f}{\partial x} = -i\frac{\partial f}{\partial y}$ 를 만족하므로, 정리 3.2에 의해서, 함수 f는 복소평면 전체에서 미분가능하고, $\frac{df}{dz} = \frac{\partial f}{\partial x} = e^x(\cos y + i\sin y) = e^z$.

(3) $f(z) = \bar{z} = x - iy$ 에 대하여,

편도함수 $\frac{\partial f}{\partial x} = 1$, $\frac{\partial f}{\partial y} = -1$ 가 $\frac{\partial f}{\partial x} \neq -i\frac{\partial f}{\partial y}$ 이므로, 함수 f는 미분가능 하지 않다.

(4) $f(z) = |z|^2 = x^2 + y^2$ 에 대하여,

편도함수 $\frac{\partial f}{\partial x}=2x$, $\frac{\partial f}{\partial y}=2y$가 $x=y=0$일 때만 $\frac{\partial f}{\partial x}=-i\frac{\partial f}{\partial y}$를 만족하므로, 함수 f는 원점에서만 미분가능하고 그이외의 점에서는 미분 불가능하다.

□ 참고 3.3 □ [Cauchy-Riemann 방정식의 카테션형식(Cartesian form)]

복소 함수 $f(z)=u(x, y)+iv(x, y)$에 대한 Cauchy-Riemann 방정식 : $\frac{\partial f}{\partial x}=-i\frac{\partial f}{\partial y}$의 카테션형식(Cartesian form)은 $\frac{\partial u}{\partial x}=\frac{\partial v}{\partial y}$, $\frac{\partial u}{\partial y}=-\frac{\partial v}{\partial x}$이다.

증명) $\frac{\partial f}{\partial x}=\frac{\partial u}{\partial x}+i\frac{\partial v}{\partial x}$와 $\frac{\partial f}{\partial y}=\frac{\partial u}{\partial y}+i\frac{\partial v}{\partial y}$가 Cauchy-Riemann 방정식 : $\frac{\partial f}{\partial x}=-i\frac{\partial f}{\partial y}$를 만족하므로, $\frac{\partial u}{\partial x}+i\frac{\partial v}{\partial x}=-i\left(\frac{\partial u}{\partial y}+i\frac{\partial v}{\partial y}\right)=\frac{\partial v}{\partial y}+i\left(-\frac{\partial u}{\partial y}\right)$이다.

그러므로 Cauchy-Riemann 방정식의 카테션형식은 $\frac{\partial u}{\partial x}=\frac{\partial v}{\partial y}$, $\frac{\partial u}{\partial y}=-\frac{\partial v}{\partial x}$이다.

□ 참고 3.4 □

(1) 모든 복소 다항식 $p(z)=a_0+a_1z+a_2z^2+\cdots+a_nz^n$은 미분가능하다.

(2) 복소 지수함수 e^z는 미분가능하다.

(3) 두 미분 가능한 함수의 합, 차, 곱, 합성함수도 미분 가능하고, 몫도 분모가 영이 아니면 또한 미분 가능하다.

(4) $\mathrm{Arg}(z)$, $\mathrm{Re}(z)$, $\mathrm{Im}(z)$, $|z|$, $\bar{z}$는 미분 불가능하다.

(5) [L'Hospital의 법칙]

$f(z_0)=g(z_0)=0$이고, f와 g가 z_0에서 연속적으로 미분가능하면, $\lim\limits_{z\to z_0}\frac{f(z)}{g(z)}=\lim\limits_{z\to z_0}\frac{f'(z)}{g'(z)}$

(6) 복소 함수 f가 $z=z_0$에서 미분가능하면 f가 $z=z_0$에서 연속이다.

$$(\because \lim_{z\to z_0}\{f(z)-f(z_0)\}=\lim_{z\to z_0}\frac{f(z)-f(z_0)}{z-z_0}(z-z_0)$$
$$=\lim_{z\to z_0}\frac{f(z)-f(z_0)}{z-z_0}\lim_{z\to z_0}(z-z_0)=f'(z_0)0=0)$$

$$\therefore \lim_{z \to z_0} f(z) = f(z_0)$$

3.2 해석적 함수

정의 3.5

(1) 복소 함수 f가 z_0 근방 $N(z_0, r) = \{z \in \mathbf{C} : |z - z_0| < r\}$의 모든 점에서 복소 미분가능하면 복소 함수 f가 $z = z_0$에서 해석적이다(analytic) 라고 정의한다.

(2) z_0가 복소 함수 $w = f(z)$의 해석적인 점이 아니고, 해석적인 점들의 수열 $\{z_n\}_{n=1}^{\infty}$의 극한이면, 점 z_0를 함수 f의 특이점(singular point)이라고 부른다.

□ **참고 3.5** □

(1) 복소 함수 f가 z_0에서 미분가능할 뿐만 아니라 z_0 가까이에 있는 모든 점에서도 미분가능하면, f가 z_0에서 해석적 함수라고 정의한다.

(2) 복소평면 전체에서 해석적인 함수를 전해석(entire)함수 라고 부른다.

(3) 0는 함수 $f(z) = \frac{1}{z}$의 특이점이다.

예제 3.5

(1) $f(z) = |z|^2 = x^2 + y^2$은 원점에서 미분가능하지만, 어떠한 원점근방에서도 미분불가능하므로, 원점에서 해석적이지 않다.

(2) $f(z) = z^2 = x^2 - y^2 + i2xy$는 모든 x와 y에 대하여, Cauchy-Riemann 방정식 : $2x + i2y = -i(-2y + i2x)$를 만족하므로, 복소평면 전체에서, 미분가능하고, 해석적이다. 따라서 $f(z) = z^2$은 전해석 함수이다.

(3) 일반적으로, 해석적인 함수의 정의역은 미분가능한 함수의 정의역의 내부(interior)이다. 특히, 복소 함수 f가 영역 Ω에서 해석적 함수인 것과 f가 Ω의 모든점에서

복소 미분가능함은 동치이다.

(4) $\exists\, \overline{N}(x_0, r) = \{x \in \mathbf{R} : |x - x_0| \le r$: 실함수 f가 $\overline{N}(x_0, r)\}$에서 수렴하는 멱급수로 표현되면, 즉 $f(x) = \sum_{n=0}^{\infty} a_n (x - x_0)^n$, $|x - x_0| \le r$이면 실함수 f가 $x_0 \in \mathbf{R}$에서 실해석적(real analytic)함수 라고 말한다.

예제 3.6

$f(z) = \dfrac{1}{z(z-1)}$은 $\mathbf{C} - \{0, 1\}$에서 해석적 함수이다.

정의 3.6

이변수 함수 $u(z) = u(x, y)$가 $D \subset \mathbf{R}^2$에서 조화함수(harmonic function)란

(1) $u \in C^2(D)$,

(2) Laplace 방정식 : $\Delta u = \dfrac{\partial^2 u}{\partial x^2} + \dfrac{\partial^2 y}{\partial y^2} = 0$을 만족한다.

정의 3.7

$f(z) = f(x + iy) = u(x, y) + iv(x, y)$, $z = x + iy$에서 해석함수이면 $u(x, y)$와 $v(x, y)$는 조화함수이다.

이때, $v(x, y)$를 $u(x, y)$의 켤레(또는 공액)조화함수(complex conjugate of harmonic function)라고 부른다.

왜냐하면, f가 해석적 함수이므로, Cauchy-Riemann 방정식 : $u_x = v_y$, $u_y = -v_x$을 만족한다.

한편, v는 연속적으로 미분가능하므로, $v_{xy} = v_{yx}$이다.

따라서 $\Delta u = u_{xx} + u_{yy} = v_{yx} - v_{xy} = 0$이므로, $u(x, y)$는 조화함수이다.

같은 방법으로, $\Delta v = v_{xx} + v_{yy} = -u_{yx} + u_{xy} = 0$이므로, $v(x, y)$도 조화함수이다.

예제 3.7

$u(x, y)=x^2-y^2$ 은 조화함수인가?

u 가 조화함수이면 u 의 켤레조화함수 v 로 구하고 해석적함수 $f=u+iv$ 도 구하시오.

풀이) (1) $u_x=2x \;\; u_y=-2y$ 이므로,

$u_{xx}=2,\; u_{yy}=-2,\;\; \Delta u=u_{xx}+u_{yy}=2-2=0$

그러므로 $u(x, y)$ 는 조화함수이다.

(2) $u_x=v_y=2x \Rightarrow v=\left\{\int 2xdy+\phi(x)=2xy+\phi(x)\right\}$,

$v_x=2y+\phi'(x)=-u_y=2y \Rightarrow \phi'(x)=0 \Rightarrow \phi(x)=c=$ 실수상수,

그러므로 $u(x, y)$ 의 조화 켤레함수 $v(x, y)=v=2xy+c$ 이다.

(3) 해석적 함수 $f(z)=u(x, y)+iv(x, y)=x^2-y^2+i(2xy+c)=z^2+ic$ 이다.

예제 3.8

복소 log 함수의 주값(principal value) $\mathrm{Log}(z)=\log|z|+i\,\mathrm{Arg}z$ 는 $\mathbb{C}\setminus\{z=x+iy\,|\,x \le 0,\ y=0\}$ 에서 해석적 함수이고, $\frac{d}{dz}(\mathrm{Log}z)=\frac{1}{z}$ 이다.

풀이)

(1) $z=x+iy \rightarrow z_0=x_0+iy_0,\ y>0,\ y_0=0$ 일 때, $\mathrm{Log}(z) \rightarrow \log|x_0|+i\pi$ 이고,

(2) $z=x+iy \rightarrow z_0=x_0+iy_0,\ y_0=0\ y<0$ 일 때, $\mathrm{Log}(z) \rightarrow \log|x_0|-i\pi$ 이다.

그러므로 $\mathrm{Log}(z)$ 는 $z_0=x_0+iy_0,\ x_0 \le 0,\ y_0=0$ 에서 연속이 아니다(극한값이 서로 다르므로)

따라서 $\mathrm{Log}(z)$ 는 $z_0=x_0+iy_0(x_0 \le 0,\ y_0=0)$ 에서 미분 불가능하다.

이제 $\mathrm{Log}z$ 는 $\mathbb{C}\setminus\{z=x+iy\,|\,x \le 0,\ y=0\}$ 에서 해석적 함수임을 보이자.

$$
\begin{aligned}
\mathrm{Log}(z) &= \log|z|+i\,\mathrm{Arg}z \\
&= \log\sqrt{x^2+y^2}+i\,\mathrm{Tan}^{-1}\left(\frac{y}{x}\right)\left(\text{or } -\mathrm{Tan}^{-1}\frac{x}{y}\right) \\
&= u(x, y)+iv(x, y)
\end{aligned}
$$

이므로,

$$u_x = \frac{1}{2}\frac{1}{x^2+y^2}2x = \frac{x}{x^2+y^2},\quad u_y = \frac{1}{2}\frac{1}{x^2+y^2}2y = \frac{y}{x^2+y^2}$$

$$v_x = \frac{1}{1+\left(\frac{y}{x}\right)^2}y(-x^{-2}) = \frac{-y}{x^2+y^2},\quad v_y = \frac{1}{1+\left(\frac{y}{x}\right)^2}\frac{1}{x} = \frac{x}{x^2+y^2} \text{ 이다.}$$

따라서 u_x, u_y, v_x, v_y가 존재해서 $\mathbb{C}\setminus\{z=x+iy|x \le 0,\ y=0\}$에서 연속이고, $u_x = v_y$, $u_y = -v_x$를 만족한다.

그러므로 해석적 함수가 되기 위한 충분조건 정리에 의해서, Log(z)는 $\mathbb{C}\setminus\{z=x+iy|x \le 0,\ y=0\}$에서 해석적 함수이고,

이때, $$\frac{d}{dz}(\mathrm{Log}(z)) = u_x + iv_x = \frac{x}{x^2+y^2} + i\frac{(-y)}{x^2+y^2} = \frac{x-iy}{x^2+y^2}$$

$$= \frac{\bar{z}}{|z|^2} = \frac{\bar{z}}{z\bar{z}} = \frac{1}{z} \text{ 이다.}$$

정리 3.3 [Cauchy-Riemann 방정식의 극형식]

복소 함수 $f(z) = f(re^{i\theta}) = f(r,\ \theta) = u(r,\ \theta) + iv(r,\ \theta)$: 해석적 함수이면, Cauchy-Riemann 방정식의 극형식은 다음과 같다:

$$u_r = \frac{1}{r}v_\theta,\quad v_r = -\frac{1}{r}u_\theta$$

그리고 도함수는 $f'(z) = f'(re^{i\theta}) = e^{-i\theta}(u_r + iv_r) = \frac{e^{-i\theta}}{r}(v_\theta - iu_\theta)$이다.

증명) 연쇄법칙에 의하여

$$u_r = \frac{\partial u}{\partial r} = \frac{\partial u}{\partial x}\frac{\partial x}{\partial r} + \frac{\partial u}{\partial y}\frac{\partial y}{\partial r} = u_x\cos\theta + u_y\sin\theta \text{ 이고,}$$

$$u_\theta = \frac{\partial u}{\partial \theta} = \frac{\partial u}{\partial x}\frac{\partial x}{\partial \theta} + \frac{\partial u}{\partial y}\frac{\partial y}{\partial \theta} = u_x(-r\sin\theta) + u_y(r\cos\theta) \text{ 이다.}$$

같은 방법으로, $v_r = v_x\cos\theta + v_y\sin\theta$이고, $v_\theta = v_x(-r\sin\theta) + v_y(r\cos\theta)$이다.

f가 해석적 함수이므로, $u_x = v_y$이고, $u_y = -v_x$이다.

$ru_r = u_x r\cos\theta + u_y r\sin\theta = v_y r\cos\theta - v_x r\sin\theta = v_x(-r\sin\theta) + v_y(r\cos\theta) = v_\theta$,

$u_\theta = -r(u_x\sin\theta - u_y\cos\theta) = -r(v_y\sin\theta + v_x\cos\theta) = -rv_r$ 이다.

그러므로 $ru_r = v_\theta$, $u_\theta = -rv_r$ 이다.

이제 $f'(re^{i\theta}) = e^{-i\theta}(u_r + iv_r)$ 임을 증명하고자 한다.

Cramer의 법칙에 의해서,

$$u_x = \frac{\begin{vmatrix} u_r & \sin\theta \\ u_\theta & r\cos\theta \end{vmatrix}}{\begin{vmatrix} \cos\theta & \sin\theta \\ r\sin\theta & r\cos\theta \end{vmatrix}} = \frac{ru_r\cos\theta - u_\theta\sin\theta}{r} \text{ 이고,}$$

$$u_y = \frac{\begin{vmatrix} \cos\theta & u_r \\ -r\sin\theta & u_\theta \end{vmatrix}}{\begin{vmatrix} \cos\theta & \sin\theta \\ -r\sin\theta & r\cos\theta \end{vmatrix}} = \frac{\cos\theta u_\theta + r\sin\theta u_r}{r} \text{ 이므로,}$$

$$f'(z) = u_x + iv_x = u_y - iv_y = \cos\theta u_r - \frac{\sin\theta}{r}u_\theta - i\left(\frac{\cos\theta}{r}u_\theta + \sin\theta u_r\right)$$

$$= \cos\theta u_r + \sin\theta v_r - i(-\cos\theta v_r + \sin\theta u_r) = u_r(\cos\theta - i\sin\theta) + iv_r(\cos\theta - i\sin\theta)$$

$$= e^{-i\theta}(u_r + iv_r) \text{ 이다.}$$

정리 3.4

영역 Ω 에서 복소 함수 f 의 도함수 $f'(z) = 0$ 이면, f 는 Ω 에서 상수 함수이다.

증명) $f'(z) = u_x + iv_x = v_y - iu_x = 0 \Rightarrow u_x = u_y = v_x = v_y = 0$,

$$\Rightarrow \begin{cases} du = \dfrac{\partial u}{\partial x}dx + \dfrac{\partial u}{\partial y}dy = 0 \\ dv = \dfrac{\partial v}{\partial x}dx + \dfrac{\partial v}{\partial y}dy = 0 \end{cases}$$

$\Rightarrow u = a =$ 실수상수, $v = b =$ 실수상수

그러므로 $f(z) = a + ib =$ 복소상수, $\forall z \in \Omega$ 이다.

정리 3.5

복소 함수 $f : \Omega \subset \mathbf{C} \to \mathbf{C}$ 가 해석적 함수이고, $\forall z \in \Omega$ 에 대하여, $|f(z)|$ 가 상수 함수이면, f 도 Ω 에서 상수함수이다.

증명) $f(z) = u + iv$ 이면, $|f(z)| = |u + iv| = c$, $c = \sqrt{u^2 + v^2}$ 이다.

(1) $c = 0$ 이면, $u = v = 0$ 이므로, $f(z) = 0$ 이다.

(2) $c \neq 0$ 이면, 즉, $u^2+v^2=c^2$ 이면,

$\begin{cases} 2uu_x + 2vv_x = 0 \\ 2uu_y + 2vv_y = 0 \end{cases}$ 이다.

따라서 $\begin{cases} uu_x + vv_x = 0 \\ uu_y + vv_y = 0 \end{cases} \cdots (*)$

그런데, f가 해석적 함수이므로, Cauchy-Riemann 방정식을 만족하여,

$\begin{cases} uu_x - vu_y = 0 \\ uu_y + vu_x = 0 = vu_x + uu_y \end{cases}$

따라서 Cramer의 법칙에 의하여,

$u_x = \dfrac{\begin{vmatrix} 0 & -v \\ 0 & u \end{vmatrix}}{\begin{vmatrix} u & -v \\ v & u \end{vmatrix}}$, 즉, $(u^2+v^2)u_x = 0$ 이다

그러므로 $c \neq 0$ 이어서, $u_x = 0$.

같은 방법으로 $u_y = 0$이고,

따라서 $du = 0$ 이다.

같은 방법으로,

또한 (*)를 v에 관한 식으로 ($u_x = v_y$, $u_y = -v_x$) 나타내면, $dv = 0$을 얻을 수 있다.

따라서 $u = a =$ 실수상수, $v = b =$ 실수상수이다.

그러므로 $f(z) = u + iv = a + ib =$ 복소상수, $\forall z \in \Omega$.

정리 3.6

영역 Ω에서의 두 해석적 함수 $f_1 = u + iv_1$과 $f_2 = u + iv_2$에 대하여, 즉 $Re(f_1) = Re(f_2)$이면, $\exists$ 상수 C : $v_1 = v_2 + C$ 이다.

보조정리 3.6.1

영역 Ω에서의 복소 함수 g가 $\dfrac{\partial g}{\partial x} = \dfrac{\partial g}{\partial y}$ 이면, g는 Ω에서 상수함수이다.

증명) $\dfrac{\partial g}{\partial x} = 0$ 이므로, 미적분학의 기본정리에 의해서, Ω에서의 모든 수평선분에서 g는 상

수함수이고, $\frac{\partial g}{\partial y}=0$ 이므로, Ω에서의 모든 수직선분에서 g는 상수함수이다.

Ω에서의 임의의 두 점은 수평선분과 수직선분에 의하여 연결할 수 있으므로, g는 Ω에서 상수함수이다.

정리 3.6의 증명) Cauchy-Riemann 방정식으로부터,

$$\frac{\partial u}{\partial x}=\frac{\partial v_1}{\partial y}=\frac{\partial v_2}{\partial y},\ \frac{\partial u}{\partial y}=-\frac{\partial v_1}{\partial x}=-\frac{\partial v_2}{\partial x}$$ 이다.

그래서 $\frac{\partial(v_1-v_2)}{\partial x}=\frac{\partial(v_1-v_2)}{\partial y}=0$ 이어서,

보조정리 3.6.1에 의해서, $\exists$ 상수 C : $v_1-v_2=C$ 이다.

3.3 멱급수의 미분과 적분

정리 3.7

멱급수 $\sum_{n=0}^{\infty} a_n z^n$ 의 수렴반경이 $R(0 \le R \le \infty)$ 이고,

$f(z)=\sum_{n=0}^{\infty} a_n z^n$, $z \in D(0, R)=\{z \in \mathbb{C} \mid |z-0|< R\}$ 이면,

f 는 D(0, R)의 모든 점에서 미분가능하고,

$f'(z)=\sum_{n=1}^{\infty} n a_n z^{n-1}$, $z \in D(0, R)$ 이며, $f'(z)=\sum_{n=1}^{\infty} n a_n z^{n-1}$ 도 수렴반경이 R 이다.

즉, 수렴하는 멱급수는 항별로(term by term) 미분할 수 있다.

증명) $f(z)=\sum_{n=0}^{\infty} a_n z^n$, $|z|< R$ 이면,

$f'(z)=g(z)=\sum_{n=1}^{\infty} n a_n z^{n-1}$ 이다.

이때, $|a_n z^{n-1}| \le |na_n z^{n-1}|$ 이므로,

(1) 이제 $|z| < R$ 일 때, $\sum_{n=1}^{\infty} na_n z^{n-1}$ 도 절대수렴함을 보여, $\sum_{n=1}^{\infty} na_n z^{n-1}$ 의 수렴반경이 R 임을 증명하자.

먼저, $|z| < s < R$ 인 $s \in \mathbb{R}$ 을 택하면, $\lim_{n\to\infty} n^{\frac{1}{n}} = 1$ 이므로, 충분히 큰 자연수 N 에 대하여, $n \ge N \Rightarrow n^{\frac{1}{n}} < \frac{s}{|z|}$ ($\because |z| < s$, $\frac{s}{|z|} > 1$) 이다.

그래서 $n \ge N \Rightarrow |na_n z^{n-1}| = |a_n| \frac{\left(n^{\frac{1}{n}}|z|\right)^n}{|z|} < \frac{|a_n|}{|z|} s^n$

$\sum_{n=1}^{\infty} |a_n| s^n$ 이 수렴하므로, 비교 판정법에 의하여, $\sum_{n=1}^{\infty} na_n z^{n-1}$ 은 절대수렴한다.

(2) $z \in D(0, R)$ 일 때, $f'(z) = g(z)$ 임을 증명하자.

$z_0 \in D(0, R)$ 를 고정된 임의의 복소수라고 가정하면,

$$\frac{f(z) - f(z_0)}{z - z_0} - g(z_0) = \sum_{n=1}^{\infty} a_n \left\{ \frac{z^n - z_0^n}{z - z_0} - nz_0^{n-1} \right\},$$

한편, $z^n - z_0^n = (z - z_0)(z^{n-1} + z^{n-2}z_0 + \cdots + z_0^{n-1})$ 이고,

$$\left\{ \frac{z^n - z_0^n}{z - z_0} - nz_0^{n-1} \right\} = (z^{n-1} + z^{n-2}z_0 + \cdots + z_0^{n-1}) - nz_0^{n-1}$$

$= (z - z_0)(z^{n-2} + 2z^{n-3}z_0 + \cdots + (n-1)z_0^{n-2})$ 이다.

고정된 $z_0 \in D(0, R)$ 에 대하여, $\exists\, r > 0 : |z_0| < r < R$ 이므로,

$$|z_0| < r \Rightarrow \left| \frac{z^n - z_0^n}{z - z_0} - nz_0^{n-1} \right| = |(z - z_0)(z^{n-2} + 2z^{n-3}z_0 + \cdots + (n-1)z_0^{n-2})|$$

$$\le |z - z_0| \sum_{k=1}^{n-1} kr^{n-2} = |z - z_0| r^{n-2} \frac{n(n-1)}{2}$$

그러므로 $\left| \frac{f(z) - f(z_0)}{z - z_0} - g(z_0) \right| \le |z - z_0| \sum_{n=2}^{\infty} \frac{n(n-1)}{2} |a_n| r^{n-2} < \epsilon$, $\forall \epsilon > 0$

$(\because \sum_{n=2}^{\infty} n(n-1)|a_n| r^{n-2} < \infty)$

$r < R$ 이므로, $\sum_{n=2}^{\infty} n(n-1)a_n r^{n-2}$ 도 절대수렴한다.

따라서 고정된 z_0 를 임의의 z 로 바꾸면, $f'(z) = g(z) = \sum_{n=1}^{\infty} n a_n z^{n-1}$ 이다.

정리 3.8 **[수렴하는 멱급수의 유일성]**

수렴하는 멱급수 $\sum_{n=0}^{\infty} a_n z^n$, $|z| < R$,에 대하여 $a_n = \dfrac{f^{(n)}(0)}{n!}$,

$$\left(\sum_{n=0}^{\infty} a_n (z - z_0)^n,\ |z - z_0| < R \Rightarrow a_n = \frac{f^{(n)}(z_0)}{n!} \right)$$

증명) $\sum_{n=0}^{\infty} a_n z^n = f(z)$, $|z| < R$, $f(0) = a_0$

$\sum_{n=1}^{\infty} n a_n z^{n-1} = f'(z)$, $|z| < R$, $f'(0) = a_1$

$\sum_{n=2}^{\infty} n(n-1) a_n z^{n-2} = f''(z)$, $|z| < R$, $f''(0) = 2a_2$, $a_2 = \dfrac{f''(0)}{2!}$,

그러므로 $a_n = \dfrac{f^{(n)}(0)}{n!}$, $n = 0, 1, 2, \cdots$ 이다.

정리 3.9 **[일치(해석적 연속성)의 정리]**

$f(z) = \sum_{n=0}^{\infty} a_n z^n$ $\{z_m\}_{m=1}^{\infty}$: 복소수열 $z_m \neq 0$, $\lim_{m \to \infty} z_m = 0$, $f(z_m) = 0 \Rightarrow f(z) = 0$.

증명) (간접증명법)

$f(z) \neq 0$ 이라고 가정하면, $\exists a_k \neq 0 : f(z) = z^k(a_k + a_{k+1}z + \cdots + a_{k+n}z^n + \cdots)$, $g(z) = \sum_{n=0}^{\infty} a_{k+n} z^n$ 이라 놓으면, $\forall m = 1, 2, \cdots$, $g(z_m) = 0$ 이다.

g 는 연속함수이므로, $a_k = g(0) = \lim_{m \to \infty} g(z_m) = 0$ 이어서 모순이 발생했다.

따라서 $f(z) = 0$ 이다.

예제 3.9 [기하급수의 수렴성]

$$(*): \sum_{n=0}^{\infty} z^n = \frac{1}{1-z}, \ |z| < 1$$

$$1 + z + z^2 + z^3 + \cdots = \frac{1}{1-z}, \ |z| < 1$$

$$1 + 2z + 3z^2 + 4z^3 + \cdots = \frac{1}{(1-z)^2}, \ |z| < 1 (\text{양변에 } z \text{를 곱함})$$

$$\Rightarrow z + 2z^2 + 3z^3 + 4z^4 \cdots = \frac{z}{(1-z)^2}, \ |z| < 1$$

$$\frac{1}{2} + 2\frac{1}{2^2} + 3\frac{1}{2^3} + \cdots = 2, \left(z = \frac{1}{2} \text{ 대입}\right)$$

즉, $\sum_{n=1}^{\infty} \frac{n}{2^n} = 2$

그리고 $1 + 4z + 9z^2 + 16z^3 + \cdots = \frac{1+z}{(1-z)^3}, \ |z| < 1$

$$z + 4z^2 + 9z^3 + 16z^4 + \cdots = \frac{z+z^2}{(1-z)^3}, \ |z| < 1$$

수렴하는 멱급수 항별로 미분, 적분해서 조건에 맞는 멱급수를 구할 수 있다.

예제 3.10

$(*)$에 z 대신에 $-z$를 대입하면, $\sum_{n=0}^{\infty} (-1)^n z^n = \frac{1}{1+z}, \ |z| < 1 \cdots (1)$이고,

$(*)$에 z 대신에 $1-z$를 대입하면, $\sum_{n=0}^{\infty} (-1)^n (z-1)^n = \frac{1}{z}, \ |z-1| < 1 \cdots (2)$이다.

(1)의 각항을 적분하면, $\ln(1+z) = z - \frac{z^2}{2} + \frac{z^3}{3} - \frac{z^4}{4} + \cdots, \ |z| < 1$이고,

(2)의 각항을 적분하면, $\text{Log}z = \sum_{n=1}^{\infty} \frac{(-1)^{n+1}}{n}(z-1)^n, \ |z-1| < 1$이다.

또한 $\ln(1+z)$를 Maclaurin 급수 전개하면,

$$\ln(1+z) = \sum_{n=1}^{\infty} (-1)^{n-1} \frac{z^n}{n} = z - \frac{z^2}{2} + \frac{z^3}{3} - \frac{z^4}{4} + \cdots$$

$$(\because) f(z) = \ln(1+z),\ f'(z) = \frac{1}{1+z},\ f''(z) = -(1+z)^{-2} = -\frac{1}{(1+z)^2}$$

$$f(0) = 0,\ f'(0) = 1,\ f''(0) = -1$$

3.4 복소 함수 (Complex Functions)

복소 함수 $w = f(z)$의 복소평면상의 표현은 직접적으로 그래프로 표시하기 어려워 z-평면의 부분 영역에서 w-평면의 부분영역으로의 대응으로 일반적으로 나타낸다. 이제 가장 기본적인 복소 함수들인 평행이동(translations), 확대(dilations)와 회전이동(rotations), Affine 변환(Affine transformations), 역(inversions), Moebius 변환 등을 소개하고자 한다.

정의 3.8

(1) 평행이동 :

주어진 복소수 $\alpha = a + ib$에 대하여, $w = z + \alpha$를 평행이동이라고 한다.

(2) 확대 :

k가 양의 실수일 때, $w = kz$를 확대라고 한다.

(3) 회전이동 :

$k = e^{i\phi}$일 때, $w = kz$를 회전이라고 한다.

즉 $z = re^{i\theta}$에 대하여, $w = kz = re^{i(\theta + \phi)}$.

(4) Affine변환 :

$w = kz + \alpha$를 강체 운동이라고 한다.

(5) 역(inversion) :

$w = \dfrac{1}{z}$를 역이라고 한다.

(6) Moebius 변환(또는 일차분수변환)

a, b, c, d가 복소수이고, $ad-bc \neq 0$일 때 $w=\dfrac{az+b}{cz+d}$를 Moebius 변환이라고 한다.

예제 3.11

(1) 평행이동 : $w=z+2-i$는 z를 오른쪽으로 2 아래로 1만큼 평행이동한 것이다.

(2) 확대 : $w=3z$는 z를 3만큼 확대이동한 것이다.

(3) 회전이동 :

(a) $w=-iz$는 z를 시계방향으로 $\dfrac{\pi}{2}$만큼 회전이동한 것이고,

(b) $w=-z$는 z를 반시계방향으로 π만큼 회전이동한 것이다.

(4) 확대와 회전 :

$w=2iz$는 z를 2만큼 확대한 다음, 반시계 방향으로 $\dfrac{\pi}{2}$만큼 회전한 이동이다.

(5) Affine변환 :

$w=(1+i)z-i=\sqrt{2}e^{i\frac{\pi}{4}}-i$는 z를 $\sqrt{2}$만큼 확대하고, $\dfrac{\pi}{4}$만큼 회전이동하고, 아래로 1만큼 평행이동한 것이다.

(6) 역(inversion) :

$z=re^{i\theta}$일 때, $w=\dfrac{1}{z}=\dfrac{1}{re^{i\theta}}=\dfrac{1}{r}e^{-i\theta}$이다.

즉 $|w|=\dfrac{1}{|z|}$이고, $\arg(w)=-\arg(z)$.

(7) Moebius 변환 :

고정된 복소수 α, $|\alpha|=1$에 대하여, $w=f_{\alpha}(z)=\dfrac{z-\alpha}{1-\overline{\alpha}z}$는 일차분수변환이다.

□ 참고 3.6 □

평행이동, 확대, 회전이동, Affine변환, 역 등은 Moebius 변환으로 표현가능하다.

예를 들면, $w=z+2-i=\dfrac{z+2-i}{0z+1}$.

끝으로, 기본적인 복소 함수들인, 복소 지수함수 e^z, 복소 삼각함수 $\sin(z)$, $\cos(z)$, $\tan(z)$ 복소 쌍곡함수 $\sinh(z)$, $\cosh(z)$, 복소 log함수 $\log(z)$, $z^{1/2}$, z^i 등의 성질을 조사한다.

□ 참고 3.7 □ [복소 지수함수 : e^z]

(1) $e^z = e^{x+iy} = e^x(\cos y + i\sin y)$,

(2) $\forall n \in \mathbf{Z}$, $\forall z_1, z_2 \in \mathbf{C}$ 에 대하여,

$$e^{z_1+z_2} = e^{z_1}e^{z_2},\ e^{z_1-z_2} = \frac{e^{z_1}}{e^{z_2}},\ (e^z)^n = e^{nz},$$

(3) 복소 지수함수 e^z는 전해석함수이고, $\frac{d}{dz}e^z = e^z$ 이다.

(4) 복소 지수함수 e^z는 주기가 $2\pi i$ 인 주기함수이다.

즉 $e^{z+2\pi i} = e^z$, $e^{z_1} = e^{z_2}$ 이면, $z_1 = z_2 + 2k\pi i$, $k \in \mathbf{Z}$ 이다.

(5) $e^x \neq 0$ 이므로, $e^z = e^x e^{iy} \neq 0$ 이고 $e^{i\pi} = -1$,

(6) [Euler의 공식] : $e^{iy} = \cos y + i\sin y$,

(7) 방정식 $e^z = 1+i$ 의 근을 구해보면,

$$e^z = e^x e^{iy} = 1 + i = \sqrt{2}\,e^{i\left(\frac{\pi}{4}+2k\pi\right)},$$

$k \in \mathbf{Z}$ 이므로, $e^x = \sqrt{2}$, $y = \frac{\pi}{4} + 2k\pi$,

그러므로 $z = x + iy = \log\sqrt{2} + i\left(\frac{\pi}{4} + 2k\pi\right)$ 이다.

□ 참고 3.8 □ [복소 삼각함수]

(1) $e^{iz} = \cos(z) + i\sin(z)$, $e^{-iz} = \cos(z) - i\sin(z)$ 로부터, $\sin(z) = \frac{e^{iz} - e^{-iz}}{2i}$,

$$\cos(z) = \frac{e^{iz} + e^{-iz}}{2},\ \tan(z) = \frac{\sin(z)}{\cos(z)},$$

(2) $\sin z$ 와 $\cos z$ 도 전해석함수이고, $\frac{d}{dz}\sin z = \cos z$, $\frac{d}{dz}\cos z = -\sin z$, $\frac{d}{dz}\tan(z) = \sec^2(z)$

$\left(z \neq \left(k + \frac{1}{2}\right)\pi\right)$,

왜냐하면

$$(\cos z)' = \left(\frac{e^{iz} + e^{-iz}}{2}\right)' = \frac{ie^{iz} - ie^{-iz}}{2} = \frac{e^{iz} - e^{-iz}}{-2i} = -\sin z$$

$$(\sin z)' = \left(\frac{e^{iz}-e^{-iz}}{2i}\right)' = \frac{ie^{iz}+ie^{-iz}}{2i} = \frac{e^{iz}+e^{-iz}}{2} = \cos z$$

(3) $\sin(z+2\pi) = \sin z$, $\cos(z+2\pi) = \cos z$,

(4) $\cos(-z) = \cos z$, $\sin\left(\frac{\pi}{2}-z\right) = \cos z$,

(5) $\cos(z_1+z_2) = \cos(z_1)\cos(z_2) - \sin(z_1)\sin(z_2)$,

(6) $\sin^2 z + \cos^2 z = 1$,

(7) (a) $\cos(\pi) = \frac{e^{i\pi}+e^{-i\pi}}{2} = \frac{-1-1}{2} = -1$ 이고 $\sin(i) = \frac{e^{-1}-e}{2i} = \frac{i}{2}\left(e-\frac{1}{e}\right)$,

(b) 방정식 $\cos(z) = 2$를 풀어 보면, $\frac{e^{iz}+e^{-iz}}{2} = 2$이므로, $e^{iz}-4+e^{-iz} = 0$,

즉 $(e^{iz})^2 - 4e^{iz} + 1 = 0$이다.

$w = e^{iz}$로 놓으면, $w^2-4w+1=0$, $(w-2)^2=3$, $w = 2\pm\sqrt{3}$, $e^{iz} = 2\pm\sqrt{3}$,

$iz = \ln(2\pm\sqrt{3}) + 2k\pi i$, $z = -i\ln(2\pm\sqrt{3}) + 2k\pi$.

□ 참고 3.9 □ [복소 쌍곡함수]

(1) 복소 쌍곡함수의 정의 :

$\sinh(z) = \frac{e^z-e^{-z}}{2}$, $\cosh(z) = \frac{e^z+e^{-z}}{2}$,

(2) $\sinh(z)$, $\cosh(z)$는 전해석 함수이고,

$\frac{d}{dz}\sinh(z) = \cosh(z)$, $\frac{d}{dz}\cosh(z) = \sinh(z)$,

(3) $\sinh(z) = -i\sin(iz)$, $\cosh(z) = \cos(iz)$,

(4) $\cos(z) = \cosh(iz)$, $\sin(z) = -i\sinh(iz)$

(5) $\cosh^2(z) - \sinh^2(z) = 1$,

(6) $\cosh(i\pi) = \frac{e^{i\pi}+e^{-i\pi}}{2} = \frac{-1-1}{2} = -1$

□ 참고 3.10 □ [복소 log함수]

(1) 다가복소 log 함수(The multi-valued complex logarithm)의 정의 :

$w = f(z) = \log(z) = \ln|z| + i\arg(z)$,

(2) $\log(1+i) = \ln|1+i| + i\arg(1+i)$

$= \ln\sqrt{2} + i\left(\frac{\pi}{4} + 2k\pi\right)$, $k \in \mathbf{Z}$,

(3) 편각(arg)에 대한 가지(branch)의 정의 :

$w = \arg(z)$, $\alpha < \arg(z) \le \alpha + 2\pi$,

또는 $w = \mathrm{Arg}_{(\alpha,\ \alpha+2\pi)}(z)$,

(4) 편각(argument)에 대한 표준가지(standard branch) 또는 주요가지(principal branch) Arg의 정의 :

$-\pi < \mathrm{Arg}(z) \le \pi$ 또는 $\mathrm{Arg}_{(-\pi,\ \pi]}(z)$,

(5) (a) 주편각의 가지는 음의 실수축에서 불연속이어서, 이 음의 실수축을 주편각 Arg의 가지 절단(branch cut)이라고 부른다.

(b) 가지 $\mathrm{Arg}_{(\alpha,\ \alpha+2\pi]}(z)$는 선(ray) $\{z \in \mathbf{C} : \alpha = \arg(z)\}$에서 하나의 가지절단을 갖는다.

□ 참고 3.11 □ [log함수의 가지(branches of the logarithm)]

(1) 편각의 가지가 log함수의 가지를 결정하므로, 주편각의 가지가 주요 log함수 $\mathrm{Log}(z)$의 가지를 결정한다 :

$\mathrm{Log}(z) = \ln(z) + i\mathrm{Arg}(z)$,

(2) 일반적으로, $\mathrm{Arg}_{(\alpha,\ \alpha+2\pi]}(z)$에 의해서,

$\mathrm{Log}_{(\alpha,\ \alpha+2\pi]}(z) = \ln|z| + i\mathrm{Arg}_{(\alpha,\ \alpha+2\pi]}(z)$이고,

이 경우, 이 가지를 $w = \log(z)$, $\alpha < \mathrm{Arg}(z) \le \alpha + 2\pi$로 표현한다.

(3) $\mathrm{Log}_{\left(\frac{\pi}{2},\ \frac{5\pi}{2}\right]}(1+i) = \ln\sqrt{2} + i\frac{9\pi}{4}$,

(4) 가지 $\mathrm{Log}_{(\alpha,\ \alpha+2\pi]}(z)$는 복소평면 $\mathbf{C}$에서 반열린띠(half-open strip) $\{w \in \mathbf{C} : \alpha < \mathrm{Im}(w) \le \alpha + 2\pi\}$로의 함수이다.

□ 참고 3.12 □ [복소 log함수의 성질]

(1) $e^{\log(z)} = z$, $\log(e^z) = z + 2k\pi i$, $k \in \mathbf{Z}$,

(2) $\log(z_1 z_2) = \log(z_1) + \log(z_2)$, $\log\left(\frac{z_1}{z_2}\right) = \log(z_1) - \log(z_2)$,

(3) 극좌표에서의 log함수의 가지는 다음과 같이 표현할 수 있다 :

$\mathrm{Log}_{(\alpha,\ \alpha+2\pi]}(re^{i\theta}) = \ln r + i\theta$, $\alpha < \theta \le \alpha + 2\pi$,

(4) $\frac{d}{dz}\mathrm{Log}(z) = \frac{1}{z}$,

증명) $e^{\mathrm{Log}(z)}=z$ 이므로,

합성함수의 미분법에 의하여, $e^{\mathrm{Log}(z)}\frac{d}{dz}\mathrm{Log}(z)=1$ 이고,

즉 $z\frac{d}{dz}\mathrm{Log}(z)=1$,

그러므로 $\frac{d}{dz}\mathrm{Log}(z)=\frac{1}{z}$ 이다.

□ 참고 3.13 □ [복소 멱함수]

(1) 임의의 복소수 z와 α에 대하여 복소 멱함수 $w=z^{\alpha}$는 다음과 같이 정의한다 :

$w=z^{\alpha}=e^{\alpha\log(z)}$,

(2) $(1+i)^2=e^{2\log(1+i)}=e^{2\ln\sqrt{2}+2i(\frac{\pi}{4}+2k\pi)}=e^{\ln 2+i(\frac{\pi}{2}+4k\pi)}=2i$

(3) z^{α}의 주요가지(principal branch) p.v.(z^{α})는 다음과 같이 정의한다 :

$\mathrm{p.v.}(z^{\alpha})=e^{\alpha\mathrm{Log}(z)}$,

(4) z^{α}의 모든 가지는 가지절단(branch cut)를 제외한 모든 점에서 미분가능하고,

$\frac{d}{dz}\mathrm{p.v.}(z^{\alpha})=\mathrm{p.v.}(\alpha z^{\alpha-1})$.

증명) $\frac{d}{dz}\mathrm{p.v.}(z^{\alpha})=\frac{d}{dz}(e^{\alpha\mathrm{Log}(z)})$

$$
\begin{aligned}
&=\alpha e^{\alpha\mathrm{Log}(z)}\frac{d}{dz}\mathrm{Log}(z)\\
&=\alpha e^{\alpha\mathrm{Log}(z)}\frac{1}{z}\\
&=\alpha e^{\alpha\mathrm{Log}(z)}e^{-\mathrm{Log}(z)}\\
&=\alpha e^{(\alpha-1)\mathrm{Log}(z)}\\
&=\mathrm{p.v.}(\alpha z^{\alpha-1}).
\end{aligned}
$$

예제 3.12

(1) i^i을 구하라.

풀이) $i^i = e^{i\log(i)} = e^{i\left(\ln 1 + i\left(\frac{\pi}{2} + 2ki\pi\right)\right)} = e^{-\frac{\pi}{2} - 2k\pi}$, $k \in \mathbf{Z}$.

(2) $p.v.(i^i)$를 구하라.

풀이) $p.v.(i^i) = e^{iLog(i)} = e^{i\frac{\pi i}{2}} = e^{-\frac{\pi}{2}}$.

연습문제

1. 다음을 증명하라 :

(a) $\cos^{-1}(z) = -i\log(z \pm \sqrt{z^2-1})$,

(b) $\text{p.v.}(\cos^{-1}(z)) = -i\text{Log}(z + \text{p.v.}(\sqrt{z^2-1}))$.

2. Moebius 변환 $w = f(z) = \frac{z+i}{z-i} = 1 + \frac{2i}{z-i}$ 는 단위원 $\{z : |z| = 1\}$ 이 허수축 $\{w : \text{Re}(w) = 0\}$ 에 대응됨을 보여라.

3. $w = f(z) = \frac{iz+1}{z+i} = 2\left(\frac{1}{z+i} + \frac{i}{2}\right)$ 는 상반 반평면 $\{z : \text{Im}(z) > 0\}$ 이 단위원에 대응되고, i 가 0 에 대응됨을 보여라.

4. -1, 0, 1 이 각각 -1, i, 1 에 대응되는 Moebius 변환을 구하라.

5. $(1+i)^{1/2}$ 를 구하라.

6. 방정식 $\sin(z) = 1$ 의 해를 구하라.

7. 복소 함수 $f(z) = (1+z)^{\alpha}$ 와 이항급수 $\sum_{n=0}^{\infty}\binom{\alpha}{n}z^n$ 이 영역 $|z| < 1$ 에서 일치함을 증명하라.

8. 함수 f 가 $\Omega \subset \mathbb{C}$ 에서 해석적 함수이고 실수값을 가지면, f 는 Ω 에서 상수함수임을 증명하라.

9. 함수 $f(z)$와 $\overline{f(z)}$가 $\Omega \subset \mathbf{C}$에서 해석적 함수이면, $f(z)$가 Ω에서 상수함수임을 증명하라.

10. $f(z) = u(x, y) + iv(x, y)$가 해석적 함수일 때, 주어진 $u(x, y)$에 대하여, $v(x, y)$를 구하라.

(a) $u(x, y) = x^2 - y^2$,

(b) $u(x, y) = \sin x \cosh y$,

(c) $u(x, y) = 2x^2 - 2y^2 + x - 1$,

11. 선형 분수변환 $F(z) = \dfrac{az+b}{cz+d}$의 역변환이 $F^{-1}(w) = \dfrac{dw-b}{-cw+a}$임을 보여라.

12. $z = x + iy$일 때,

(a) $\sin z = \sin x \cosh y + i \cos x \sinh y$,

(b) $\cos z = \cos x \cosh y - i \sin x \sinh y$,

(c) $\overline{\sin(z)} = \sin(\bar{z})$, $\overline{\cos(z)} = \cos(\bar{z})$,

임을 증명하라.

13. $\sin(z) = 0$의 모든 근이 실수임을 증명하라.

14. $z = x + iy$일 때,

(a) $|\sin z|^2 = \sin^2 x + \sinh^2 y = \cosh^2 y - \cos^2 x$,

(b) $|\cos z|^2 = \cos^2 x + \sinh^2 y = \cosh^2 y - \sin^2 x$,

임을 증명하라.

15. 다음 함수의 주값(principal values)을 구하라.

(a) $f(z) = \log(i)$,

(b) $g(z) = (-1)^{i}$,

(c) $h(z) = \log(1+i)$.

16. 다음 방정식의 모든 근을 구하라.

(a) $\mathrm{Log}(z) = \dfrac{i\pi}{2}$,

(b) $\exp(z) = i\pi$,

(c) $\cos(z) = 0$,

(d) $\sqrt{z} = 1+i$.

17. $a > 0$ 이고, z 가 임의의 복소수일 때, $|a^{z}| = a^{\mathrm{Re}(z)}$ 임을 보여라.

18. 고정된 0이 아닌 복소수 α 에 대하여, 복소 함수 $f(z) = z^{\alpha}$ 의 도함수 $f'(z)$ 를 구하라.

19. 변환 $u = u(x, y)$, $v = v(x, y)$ 의 Jacobian $J = \begin{vmatrix} \dfrac{\partial u}{\partial x} & \dfrac{\partial u}{\partial y} \\ \dfrac{\partial v}{\partial x} & \dfrac{\partial v}{\partial y} \end{vmatrix}$ 일 때, 복소 함수 $f(x+iy) = u(x, y) + iv(x, y)$ 가 해석적 함수이면, $J = |f'(z)|^{2}$ 임을 증명하라.

20. $\mathbf{C}^{*} = \mathbf{C} \cup \{\infty\}$ 일 때, 복소 함수 $f(z) = \dfrac{z^{2}-1}{2z+1}$ 의 $\mathbf{C}^{*}$ 에서의 모든 고정점, 즉, $f(z) = z$ 인 점을 구하라.

21. $u(x, y) = \cos(x)\cosh(y)$ 가 전평면에서 정의된 함수일 때, u 가 조화 함수임을 보이고, $\mathrm{Re}(f) = u$ 인 전해석(entire)함수 f 도 구하라.

22. (a) $(-1)^i$ 의 모든 값을 구하라.

(b) 좌 반평면(left half-plane) $\{\mathrm{Re}(z) < 0\}$ 에서 연속인 다가(multi-valued) 복소함수 $f(z) = z^i$ 의 가지(branch)를 구하라.

(c) (b)에서, $f(-1) = e^{5\pi}$ 인 z^i 의 가지를 구하라.

CHAPTER 04

Cauchy 정리

이 장에서는 복소 함수의 경로 적분(또는 선적분)을 주로 다룬다. 원시함수를 이용한 선적분, Cauchy-Goursat의 정리, Cauchy 적분공식, Liouville의 정리, 대수학의 기본정리, Gauss의 평균값의 정리, 최대절대값의 원리, Schwarz의 보조정리 등 복소해석학 전반부의 핵심적인 이론과 그 예를 이해하는데 중점을 둔다.

4.1 경로 적분 (Contour integration)

복소 해석학에서는 복소수 z_1으로부터 복소수 z_2로의 경로(path or contour) Γ를 따라, 복소 함수 $w = f(z)$의 경로 적분(또는 선적분)은 다음과 같이 표현할 수 있다:

$$\int_{\Gamma} f(z)dz = \int_{z_1}^{z_2} f(z)dz .$$

정의 4.1

(1) 경로 Γ는 유한개의 곡선 C_i, $1 \le i \le n$의 합으로 정의한다, 즉

$\Gamma = C_1 + C_2 + \cdots + C_n$.

(2) 영역 $\Omega \subset \mathbf{C}$ 내부의 곡선 C는 도함수 $\frac{d}{dt}\gamma(t) = \dot{\gamma}(t) \neq 0$, $a \le t \le b$인 미분가능한 함수 $\gamma : [a, b] \to \mathbf{C}$로 정의한다.

경우에 따라서는 $\gamma(t)$, $a \le t \le b$, 대신에 $z(t)$, $a \le t \le b$를 사용하기도 한다.

예제 4.1

(1) 곡선 $C : \gamma(t) = e^{it}$, $0 \le t \le 2\pi$는 반시계 방향(양의 방향)으로 한 바퀴 도는 단위원을 나타낸다.

(2) 곡선$C : z(t) = e^{-it}$, $0 \le t \le 2\pi$는 시계 방향(음의 방향)으로 한 바퀴 도는 단위원을 표현한다.

(3) $\gamma(t) = 1 + it$, $0 \le t \le 1$는 1에서 $1+i$까지의 직선 C를 나타낸다.

정의 4.2

(1) 곡선 $C : \gamma(t)$, $a \le t \le b$의 길이 $L(\gamma)$는 다음과 같이 정의한다:

$L(\gamma) = \int_a^b |\dot{\gamma}(t)| dt$, 여기서 $\dot{\gamma}(t) = \frac{d\gamma(t)}{dt}$.

(2) 곡선 $C: \gamma(t)$, $a \le t \le b$에 대하여, 곡선 $-C$는 다음과 같이 정의한다:

$-C$는 $-\gamma: [-b, -a] \to \mathbf{C}$로서, $-\gamma(t) = \gamma(-t)$.

예제 4.2

(1) 원 $C: \gamma(t) = e^{it}$, $0 \le t \le 2\pi$의 길이 $L(\gamma) = \int_0^{2\pi} |ie^{it}|\,dt = \int_0^{2\pi} dt = 2\pi$.

(2) 원 $C: \gamma(t) = e^{it}$, $0 \le t \le 2\pi$의 $-C: -\gamma(t) = e^{-it}$, $-2\pi \le t \le 0$이다.

(3) 정사각형 경로 Γ는 다음과 같이 4개의 직선 C_i, $i = 1, 2, 3, 4$의 합, 즉

$\Gamma = C_1 + C_2 + C_3 + C_4$:

$C_1: \gamma_1(t) = t$, $0 \le t \le 1$,

$C_2: \gamma_2(t) = 1 + it$, $0 \le t \le 1$,

$C_3: \gamma_3(t) = 1 + i - t$, $0 \le t \le 1$,

$C_4: \gamma_4(t) = i - it$, $0 \le t \le 1$,

으로 표현할 수 있다.

정의 4.3

폐곡선 $C: z(t)$, $a \le t \le b$는 시점 $z(a)$와 종점 $z(b)$가 일치하는 곡선을 말한다.

정의 4.4

(1) 곡선 $C: \gamma(t)$, $a \le t \le b$를 따라 연속인 복소 함수 f의 선적분을 다음과 같이 정의한다:

$$\int_C f(z)dz = \int_a^b f(\gamma(t))\dot{\gamma}(t)dt.$$

(2) 경로 $\Gamma = \sum_{i=1}^{n} C_i$를 따라 연속인 복소 함수의 선적분을 다음과 같이 정의한다:

$$\int_{\Gamma = \sum_{i=1}^{n} C_i} f(z)dz = \sum_{i=1}^{n} \int_{C_i} f(z)dz.$$

예제 4.3

(1) 1 에서 $1+i$ 까지의 직선 $C_1 : \gamma_1(t)=1+it,\ 0 \le t \le 1$ 에 대하여,

$$\int_{C_1} z\,dz = \int_0^1 (1+it)i\,dt = \int_0^1 (i-t)dt = \left(it - \frac{t^2}{2}\right)\Big|_0^1 = i - \frac{1}{2}.$$

(2) $1+i$ 에서 i 까지의 직선 $C_2 : \gamma_2(t)=1+i-t,\ 0 \le t \le 1$ 에 대하여,

$$\int_{C_2} z\,dz = \int_0^1 (1+i-t)(-1)dt = \int_0^1 (t-1-i)dt = \left(\frac{t^2}{2} - t - it\right)\Big|_0^1 = -\frac{1}{2} - i.$$

(3) (1)과 (2)로부터, $\int_{C_1+C_2} z\,dz = \int_{C_1} z\,dz + \int_{C_2} z\,dz = -1.$

정리 4.1 [경로 적분의 성질]

(1) 선형성 : $\int_\Gamma \{\alpha f(z) + \beta g(z)\}dz = \alpha \int_\Gamma f(z)dz + \beta \int_\Gamma g(z)dz,$

(2) $\int_{-\Gamma} f(z)dz = -\int_\Gamma f(z)dz,$

(3) $\int_{\Gamma_1+\Gamma_2} f(z)dz = \int_{\Gamma_1} f(z)dz + \int_{\Gamma_2} f(z)dz,$

(4) $\int_{\Gamma+(-\Gamma)} f(z)dz = 0.$

보조정리 4.1.1 [적분에 관한 삼각부등식]

복소 함수 $f : [a, b] \to \mathbf{C}$ 가 연속이면, $\left| \int_a^b f(t)dt \right| \le \int_a^b |f(t)|\,dt.$

증명) $\int_a^b f(t)dt = re^{i\theta}$ 로 놓으면,

$$\left| \int_a^b f(t)dt \right| = r = \mathrm{Re}(r) = \mathrm{Re}\left(e^{-i\theta}\int_a^b f(t)dt\right)$$

$$= \int_a^b \mathrm{Re}(e^{-i\theta} f(t))dt$$

$$\leq \int_a^b |e^{-i\theta}f(t)|dt = \int_a^b |f(t)dt|.$$

따름정리 4.1.2 [Cauchy ML-부등식]

곡선 $C: \gamma(t)$, $a \leq t \leq b$에 대하여, $\exists M: |f(z)| \leq M$, $\forall z \in C$이면,
$\left| \int_C f(z)dz \right| \leq ML(\gamma)$, 여기서 $L(\gamma)$는 곡선 C의 길이.

증명) $\left| \int_C f(z)dz \right| = \left| \int_a^b f(\gamma(t))\dot{\gamma}(t)dt \right|$

$$\leq \int_a^b |f(\gamma(t))| \, |\dot{\gamma}(t)| dt$$

$$\leq M\int_a^b |\dot{\gamma}(t)| dt$$

$$= ML(\gamma).$$

예제 4.4

원 $C: \gamma(t) = 2e^{it}$, $0 \leq t \leq 2\pi$에 대하여, Cauchy ML-부등식을 이용하여,
$\left| \int_C \frac{z+1}{z^4+1}dz \right|$의 상계(upper bound)를 구하라.

풀이) C 위의 모든 z에 대하여, $|z| = 2$이고,

$$\left| \frac{z+1}{z^4+1} \right| \leq \frac{|z|+1}{||z|^4-1|} = \frac{3}{15} \text{ 이므로,}$$

$$\left| \int_C \frac{z+1}{z^4+1}dz \right| \leq \frac{3}{15}2\pi \cdot 2 = \frac{12\pi}{15} = \frac{4\pi}{5}.$$

정리 4.2 [미적분학의 기본정리 1]

복소 함수 f와 F에 대하여, F는 영역 Ω에서 복소 미분가능하고, 영역 Ω의 모든 점 z에 대하여, $f(z) = F'(z)$이면, Ω의 임의의 z_1, z_2와, z_1에서 z_2까지의 임의의 경로 Γ에 대하여, 다음이 성립한다:

$$\int_{\Gamma} f(z)dz = F(z) \mid_{z_1}^{z_2} = F(z_2) - F(z_1).$$

증명) 경로 Γ가 곡선 C_1과 C_2의 합 이라고 가정하면, $\Gamma : [a, b] \to C$가 곡선일 경우만 증명하여도 충분하다. 왜냐하면,

$\int_{C_1} f(z)dz = F(z) \mid_{z_1}^{z'}$ 이고, $\int_{C_2} f(z)dz = F(z) \mid_{z'}^{z_2}$ 이면, $\int_{\Gamma = C_1 + C_2} f(z)dz = F(z) \mid_{z_1}^{z_2}$ 이기 때문이다.

그래서 $\int_{\Gamma} f(z)dz = \int_a^b f(\Gamma(t))\dot{\Gamma}(t)dt$

$$= \int_a^b \frac{d}{dt} F(\Gamma(t))dt$$

$$= F(\Gamma(b)) - F(\Gamma(a))$$

$$= F(z_2) - F(z_1).$$

따름정리 4.2.1

복소 함수 f가 영역 Ω에서 원시함수(또는 역도함수) F를 가지면, Ω 안의 모든 폐경로(closed contour) Γ에 대하여, $\int_{\Gamma} f(z)dz = 0$ 이다.

정리 4.3 [미적분학의 기본정리 2]

영역 Ω 안의 모든 폐경로 Γ에 대하여, $\int_{\Gamma} f(z)dz = 0$ 이면, f는 Ω에서 원시함수 F를 갖는다.

증명) Ω 안의 z_0를 택하면, 임의의 $z_1 \in \Omega$에 대하여 다음 :

$F(z_1) = \int_{\Gamma} f(z)dz$, 여기서 Γ는 z_0에서 z_1까지의 Ω 안의 임의의 경로와 같이 정의하면, z_0에서 z_1까지의 임의의 두 경로 Γ와 Γ'에 대하여, $\Gamma + (-\Gamma')$는 폐경로가 되어, 가정에 의하여, $\int_{\Gamma + (-\Gamma')} f(z)dz = 0$ 이다.

그러므로 $\int_{\Gamma} f(z)dz = \int_{\Gamma'} f(z)dz$, 즉 $F(z_1)$은 경로 Γ에 독립적이다.

이제 $F'(z_1) = f(z_1)$ 임을 증명하면 충분하다: $\lim_{\Delta z \to 0} \frac{F(z_1 + \Delta z) - F(z_1)}{\Delta z} = f(z_1)$.

정의로부터, $F(z_1 + \Delta z) - F(z_1) = \int_C f(z)dz$, 여기서 C는 z_1에서 $z_1 + \Delta z$까지의 직선.

직선 C를 매개화하면: $\gamma(t) = z_1 + \Delta zt$, $0 \le t \le 1$,

그러므로 $F(z_1 + \Delta z) - F(z_1) = \int_0^1 f(z_1 + \Delta zt)\Delta z dt$,

따라서 $\frac{F(z_1 + \Delta z) - F(z_1)}{\Delta z} = \int_0^1 f(z_1 + \Delta zt)dt$ 이다.

즉 $\lim_{\Delta z \to 0} \frac{F(z_1 + \Delta z) - F(z_1)}{\Delta z} = \int_0^1 f(z_1)dt = f(z_1)$

그래서 Ω에서 $F' = f$.

예제 4.5

(1) $-i$에서 i까지의 곡선을 C_1, i에서 $-i$까지의 곡선을 C_2라고 가정하면,

$$\int_{C_1} \frac{dz}{z} = \text{Log}(z) \mid_{-i}^{i} = \frac{\pi i}{2} - \left(-\frac{\pi i}{2}\right) = i\pi \text{ 이고.}$$

$$\int_{C_2} \frac{dz}{z} = \text{Log}_{(0,\ 2\pi]}(z) \mid_{i}^{-i} = \frac{\pi i}{2} - \left(\frac{3\pi i}{2}\right) = -i\pi \text{ 이다.}$$

(2) 단위원을 시계반대방향으로 도는 곡선 C는 $z(t) = e^{it}$, $-\pi \le t \le \pi$로 주어질 수 있다.

이때 $f(z) = \frac{1}{z}$ 이면 $\int_C \frac{1}{z} dz = \int_{-\pi}^{\pi} \frac{ie^{ti}}{e^{ti}} dt = 2\pi i$

또한 $f(z) = z$ 이면 $\int_C z dz = \int_{-\pi}^{\pi} e^{ti} ie^{ti} dt = 0$

정의 4.5

(1) 복소 함수 $f: [a,\ b] \to \mathbf{C}$가 연속이고, $t \in [a,\ b]$에 대해 $f(t) = u(t) + iv(t)$, $a \le$

$t \le b$이면.

$$\int_a^b f(t)dt = \int_a^b u(t)dt + i\int_a^b v(t)dt$$

즉, $\dfrac{df}{dt} = \dfrac{du}{dt} + i\dfrac{dv}{dt}$

(2) $f(z) = f(x+iy) = u(x, y) + iv(x, y)$ 이고 곡선 C가 영역(폐집합이며 (경로)연결집합) Ω 안의 연속함수이면,

즉, $C: [a, b] \to \Omega$, $t \in [a, b]$에 대해 $z(t) = x(t) + iy(t)$, $a \le t \le b$이면

$$\int_C f(z)dz = \int_C (u+iv)(dx+idy)$$

$$= \int_c (udx - ivy) + i\int_c (vdx + udy)$$ 을 미분형식에 관한 선적분 이라고 부른다.

□ **참고 4.1** □

(1) 실함수 $f: [a, b] \to \mathbf{R}$가 연속이면, $\left|\int_a^b f(x)dx\right| \le \int_a^b |f(x)dx|$

(∵) $-|f| \le f \le |f|$이므로 $-\int_a^b |f(x)|dx \le \int_a^b f(x)dx \le \int_a^b |f(x)|dx$ 이다.

그러므로 주어진 식이 성립한다.

(2) 복소 함수 $f: [a, b] \to \mathbf{C}$가 연속이면 $\left|\int_a^b f(t)dt\right| \le \int_a^b |f(t)dt|$

(왜냐하면

$$\left|\int_a^b f(t)dt\right| = e^{-i\theta}\int_a^b f(t)dt = \int_a^b e^{-i\theta}f(t)dt = \int_a^b \mathrm{Re}(e^{-i\theta}f(t))dt + \int_a^b \mathrm{Im}(e^{-i\theta}f(t))dt$$

$$= \int_a^b \mathrm{Re}(e^{-i\theta}f(t))dt \le \int_a^b |e^{-i\theta}f(t)dt| = \int_a^b |e^{-i\theta}f(t)dt| = \int_a^b |f(t)dt|\ )$$

(3) $\left|\int_C f(z)dz\right| = \left|\int_a^b f(z(t))\dfrac{dz}{dt}dt\right| \le \int_a^b |f(z(t))|\left|\dfrac{dz}{dt}\right|dt$

□ **참고 4.2** □

두 복소 함수 $f, g: \Omega \subset \mathbf{C} \to \mathbf{C}$가 연속함수이면 $^{\forall}\alpha, \beta \in \mathbf{C}$에 대하여 $\int_C \{\alpha f(z) + \beta g(z)\}dz = \alpha \int_C f(z)dz + \beta \int_C g(z)dz$

$$(\because)\ \int_C \{\alpha f(z) + \beta g(z)\}dz = \int_a^b \{\alpha f(z(t)) + \beta g(z(t))\}\frac{dz}{dt}dt$$

$$= \alpha \int_a^b f(z(t))\frac{dz}{dt}dt + \beta \int_a^b g(z(t))\frac{dz}{dt}dt$$

$$= \alpha \int_C f(z)dz + \beta \int_C g(z)dz$$

▌문제 4.1▐

$C : |z-3| = 1,\ 0 \le t \le \pi$ 일 때 $\int_C \bar{z}dz$의 값을 구하여라.

풀이) $C : z(t) = 3 + e^{ti},\ 0 \le t \le \pi$, 중심이 3이고 반지름이 1인 상반 반원이다.

따라서 $\int_C \bar{z}dz = \int_0^\pi (3 + e^{-ti})ie^{-ti}dt = 3i\int_0^\pi e^{ti}dt + i\int_0^\pi dt$

$$= 3i\left[\frac{e^{ti}}{i}\right]_0^\pi + i\pi = -6 + i\pi$$

정의 4.6

곡선 C의 매개방정식 $z(t) : [a, b] \to \Omega \subset C$, $z(a) = z_1$: 시작점, $z(b) = z_2$: 끝점

C_1의 매개방정식 $\gamma_1(t) : [a_1, b_1] \to \mathbf{C}$

C_2의 매개방정식 $\gamma_2(t) : [a_2, b_2] \to \mathbf{C}$이고, $\gamma_1(b_1) = \gamma_2(a_2)$이면

$C_1 + C_2$의 매개방정식은

$$: ((\gamma_1 + \gamma_2)(t) = \begin{cases} \gamma_1(t), & a_1 \le t \le b_1 \\ \gamma_2(t + a_2 - b_1) & b_1 \le t \le b_1 + b_2 - a_2 \end{cases}$$

즉,

$C : [a, b] \to \mathbf{C}$: 연속함수이고, $t \in [a, b]$에 대해 $z(t) \in C$, $a \le t \le b$이면

$-C$: $[a,\ b] \to \mathbf{C}$: 연속함수이고, $t \in [a,\ b]$ 에 대해 $\tilde{z}(t) = z(b+a-t) \in \mathbf{C}$, $a \le t \le b$ 이므로 $\tilde{z}(a) = z(b)$ 이며 $\tilde{z}(b) = z(a)$ 이다.

□ **참고 4.3** □

(1) $\int_C f(z)dz = \int_{C_1+C_2+\cdots+C_n} f(z)dz = \sum_{i=1}^{n} \int_{C_i} f(z)dz$

(2) $\int_{-C} f(z)dz = -\int_C f(z)dz$

$(\because)\ \int_{-C} f(z)dz = \int_b^a f(z(t))\frac{dz}{dt}dt = -\int_a^b f(z(t))\frac{dz}{dt}dt = -\int_C f(z)dz$

정의 4.7

(1) $\gamma : [a,\ b] \to \Omega$: 폐곡선(닫힌곡선) $\Leftrightarrow$ $\gamma(a) = \gamma(b)$

(2) $\gamma : [a,\ b] \to \Omega$: 단순폐곡선 $\Leftrightarrow$ $\gamma(a) = \gamma(b)$, $\gamma : (a,\ b) \to \Omega$: $1-1$ 함수

(3) 곡선 C는 양의방향(반시계 방향)으로 주어진다고 가정

(4) 곡선 C의 경계(boundary of C)$= \partial C$

예제 4.6

$r > 0$, $^{\forall} n \in \mathbf{Z}$ 에 대해

$$\int_{C:|z|=r} z^n dz = \int_{-\pi}^{\pi} (re^{ti})^n ire^{ti}dt = ir^{n+1}\int_{-\pi}^{\pi} e^{i(n+1)t}dt$$

$$= \begin{cases} 2\pi i & n = -1 \\ 0 & n \ne -1 \text{인 임의의 정수} \end{cases}$$

$$(\because)\ \int_{-\pi}^{\pi} e^{i(n+1)t}dt = \left[\frac{1}{i(n+1)}e^{i(n+1)t}\right]_{-\pi}^{\pi} = 0$$

정리 4.4

영역 $\Omega \subset C$ 위에서 정의된 연속인 복소 함수 $f : \Omega \subset \mathbf{C} \to \mathbf{C}$ 가 원시함수 F를 가진다고 하자. 그러면 임의의 곡선 C에 대하여 : $z(t) : [a,\ b] \to \Omega$, 등식 $\int_C f(z)dz =$

$F(z(b))-F(z(a))$ 이 성립한다.

즉, 곡선 C에 대하여 독립적이다

만일 C가 단순폐곡선이면 $\int_C f(z)dz = 0$ 이다.

$$(\because)\ \int_C f(z)dz = \int_C F'(z)dz = \int_a^b F'(z(t))\frac{dz}{dt}dt$$

$$= \int_a^b \frac{d}{dt}F(z(t))dt = [F(z(t))]_a^b = F(z(b)) - F(z(a))$$

정의 4.8

곡선 $C : [a, b] \to \Omega \subset \mathbf{C}$, $t \in [a, b]$ 에 대해 $z(t) = x(t) + iy(t)$, $a \le t \le b$ 이면 곡선 C의 길이 $L = \int_a^b \left|\frac{dz}{dt}\right|dt$

즉, $L = \int_a^b \sqrt{\left(\frac{dx}{dt}\right)^2 + \left(\frac{dy}{dt}\right)^2}\,dt = \int_a^b \left|\frac{dz}{dt}\right|dt$

□ 참고 4.4 □

$$\left|\int_c f(z)dz\right| \le \int_c |f(z)||dz| = \int_a^b |f(z(t))|\left|\frac{dz}{dt}\right|dt$$

4.2 Cauchy-Goursat 정리

복소 해석학의 기초적인 핵심인 Cauchy-Goursat 정리는 영역 Ω 안의 단순폐곡선 C 위와 내부에서 해석적인 함수의 선적분은 0이라는 것으로 이를 기본으로 여러 가지 중요한 정리를 유도할 수 있다.

정의 4.9

곡선 C가 $\gamma: [a, b] \to \mathbf{C}$일 때, $\gamma(a) = \gamma(b)$이고, $\forall t_1 \neq t_2 \in (a, b)$, $\gamma(t_1) \neq \gamma(t_2)$이면, 곡선 C를 단순 폐곡선(a simple closed curve)라고 부른다.

정리 4.5 [Jordan 곡선정리]

C가 복소평면 $\mathbf{C}$ 위의 단순 폐곡선이면, $\mathbf{C} - C$는 두 개의 서로소인 영역의 합(union)이다.

즉 $\mathbf{C} - C = \mathrm{int}(C) \cup \mathrm{ext}(C)$, C의 내부$= \mathrm{int}(C)$는 유계이고, C의 외부$= \mathrm{ext}(C)$는 무계(unbounded)이다.

정리 4.6 [Cauchy-Goursat 정리]

영역 Ω 안의 단순폐곡선 C 위와 내부에서 복소 함수 f가 해석적 함수이면, $\int_C f(z)dz = 0$.

증명) $z = x + iy$이므로, $dz = dx + i\,dy$이다.

그러므로 Green의 정리 : $\int_C P(x, y)dx + Q(x, y)dy = \int\int_D (\frac{\partial Q}{\partial x} - \frac{\partial P}{\partial y})dxdy$,

여기서, P와 Q는 영역 D에서 연속적으로 미분가능한 함수이고, 단순 폐곡선 C는 D의 경계, 즉 $\partial D = C$로 표기한다, 에 의하여,

$$\int_C f(z)dz = \int_C f(x+iy)dx + if(x+iy)dy = \int\int_{D:\partial D = C}\left[i\frac{\partial f}{\partial x}(x+iy) - \frac{\partial f}{\partial y}(x+iy)\right]dxdy$$

함수 f가 D에서 해석적이므로, Cauchy-Riemann 방정식 : $\frac{\partial f}{\partial x} = -i\frac{\partial f}{\partial y}$을 만족한다,

즉 $i\frac{\partial f}{\partial x} - \frac{\partial f}{\partial y} = 0$이다.

그러므로 $\int_C f(z)dz = 0$.

정리 4.7 [사각형 R에 대한 Cauchy-Goursat 정리]

복소 함수 f가 영역 Ω 안의 사각형 R 위와 내부에서 해석적인 함수이면, $\int_\Gamma f(z)dz=0$, 여기서 경로 Γ는 R의 경계이다 .

증명) R이 4개의 정점 $a+bi$, $c+bi$, $c+di$, $a+di$, $a\le x\le c$, $b\le y\le d$를 연결하는 사각형이라고 하면,

경로 $\Gamma=C_1+C_2+(-C_3)+(-C_4)$로 표시할 수 있다. 여기서

C_1 : $\gamma_1(x)=x+bi$, $a\le x\le c$,

C_2 : $\gamma_2(y)=c+iy$, $b\le y\le d$,

C_3 : $\gamma_3(x)=x+id$, $a\le x\le c$,

C_4 : $\gamma_4(y)=a+iy$, $b\le y\le d$이다.

그래서 $\int_\Gamma f(z)dz=\int_{C_1}f(z)dz+\int_{C_2}f(z)dz+\int_{-C_3}f(z)dz+\int_{-C_4}f(z)dz$

$$=\int_a^c f(x+ib)dx+\int_b^d f(c+iy)idy-\int_a^c f(x+id)dx-\int_b^d f(a+iy)idy$$

$$=-\int_a^c[f(x+id)-f(x+ib)]dx+i\int_b^d[f(c+iy)-f(a+iy)]dy$$

$$=-\int_a^c\int_b^d\frac{\partial f}{\partial y}(x+iy)dydx+i\int_b^d\int_a^c\frac{\partial f}{\partial x}(x+iy)dxdy$$

$$=\int_a^c\int_b^d[i\frac{\partial f}{\partial x}(x+iy)-\frac{\partial f}{\partial y}(x+iy)]dydx$$

$=0$이다.

왜냐하면, f가 R 위와 내부에서 해석적이므로, Cauchy-Riemann 방정식 :

$\frac{\partial f}{\partial x}=-i\frac{\partial f}{\partial y}$, 즉 $i\frac{\partial f}{\partial x}-\frac{\partial f}{\partial y}=0$을 만족하기 때문이다.

정리 4.8

영역 Ω 안의 모든 폐경로 Γ에 대하여, $\int_\Gamma f(z)dz=0$일 필요충분조건은 복소 함수 f가 원시함수 F를 갖는 것이다.

보조정리 4.8.1

$D(z_0, r)$ 위에서 정의된 해석함수 f는 원시함수 F를 갖는다.

보조정리 4.8.2 [Cauchy의 정리]

$f : D = D(z_0, r) \rightarrow \mathbf{C}$: 해석함수이면, D 내부의 임의의 폐곡선 C에 대하여 $\int_C f(z)dz = 0$ 이다.

증명) $\int_C f(z)dz = \int_C (u+iv)(dx+idy)$

$$= \int_C (udx - vdy) + i\int_C (vdx + udy)$$

이므로,

Green의 정리에 의해

$$= \iint_{R:\partial R = c} \left(-\frac{\partial v}{\partial x} - \frac{\partial u}{\partial y}\right)dxdy + i\iint_{R:\partial R = c} \left(\frac{\partial u}{\partial x} - \frac{\partial v}{\partial y}\right)dxdy$$

$= 0$ 이다.

왜냐하면 f가 D에서 해석적 함수이므로, Cauchy-Riemann 방정식 :

$u_x = v_y$, $u_y = -v_x$를 만족하기 때문이다.

예제 4.7

(1) $f(z) = e^{z^2}$은 임의의 단순 폐곡선 위와 내부에서 해석적이므로, $\int_C e^{z^2}dz = 0$ 이다.

(2) $f(z) = z^2$은 원시함수 $F(z) = \frac{z^3}{3}$을 갖기 때문에, 임의의 단순 폐곡선 C에 대하여, $\int_C z^2 dz = 0$ 이다.

(3) $-i$에서 i까지의 곡선을 C_1, i에서 $-i$까지의 곡선을 C_2라고 하면, 예제 4.5의 (1)에 의해서, $\int_{C_1 + (-C_2)} \frac{1}{z} = 2\pi i \neq 0$ 이다.

즉 Cauchy-Goursat의 정리를 적용할 수 없다.

왜냐하면, 복소 함수 $\frac{1}{z}$가 경로 $\Gamma = C_1 + (-C_2)$ 내부의 0에서 해석적이지 않기 때문이다.

(4) 곡선 C를 반시계 방향으로 일회전하는 단위원 : $\gamma(t) = e^{it}$, $0 \leq t \leq 2\pi$이라고 하면, $\int_C \bar{z}dz = \int_0^{2\pi} e^{-it}(ie^{it})dt = i\int_0^{2\pi} dt = 2\pi i \neq 0$.

(5) 곡선 C_1 : $|z-3| = 1$이고, 곡선 C_2 : $|z| = 1$일 때, Cauchy-Goursat의 정리에 의하여, $\int_{C_1} \frac{e^z}{z}dz = 0$이지만, $\int_{C_2} \frac{e^z}{z}dz$에 대하여는 Cauchy-Goursat의 정리를 적용할 수 없다.

왜냐하면, $\frac{e^z}{z}$는 C_2 내부의 0에서 해석적이지 않기 때문이다.

정의 4.10

$\Omega \subset \mathbf{C}$가 단순연결 영역 $\Leftrightarrow$ $\mathbf{C} \setminus \Omega$: 연결집합

즉, Ω 내의 모든 단순 폐곡선 C 와 모든 $z_0 \in \mathbf{C} - \Omega$에 대하여, z_0에 관한 곡선 C의 회전수 $I(C, z_0) = \frac{1}{2\pi i}\int_C \frac{1}{z - z_0}dz = 0$일 때, 영역 Ω를 단순연결 영역(simply connected domain)이라고 부른다.

예제 4.8

다음의 영역들처럼 영역 내부에 '구멍'이 있으면 단순연결 영역이 아니다.

$$\{z : z \neq 0\},\ \{z : 1 < |z| < 2\},\ \{z : |z| > 1,\ |z-3| > 1\}$$

따름정리 4.8.3

$\Omega \subset \mathbf{C}$가 단순연결 영역이고, 복소 함수 f가 Ω에서 해석적이며, $f(z) \neq 0$, $\forall z \in \Omega$이면, $\log(f(z))$는 Ω에서 잘 정의되고, 해석적인 함수이다.

증명) 복소 함수 $\frac{f'(z)}{f(z)}$ 는 Ω에서 해석적인 함수이고, Ω가 단순연결 영역이므로, Cauchy-Goursat 정리에 의하여, Ω 안의 모든 단순폐곡선 C에 관하여, $\int_C \frac{f'(z)}{f(z)}dz = 0$ 이다.

그러므로 원시함수의 존재성의 정리에 의하여, $\exists$ Ω에서 해석적인 함수 g : $g'(z) = \frac{f'(z)}{f(z)}$.

$f(z) \neq 0$ 이고, $[g(z) - \log(f(z))] = c =$ 복소상수이므로, $g(z_0) = \log(f(z_0))$ 인 함수 g 를 택하면, $\forall z \in \Omega$ 에 대하여, $g(z) = \log(f(z))$ 이다.

왜냐하면, $\frac{d}{dz}[f(z)e^{-g(z)}] = (f'(z) - f(z)g'(z))e^{-g(z)} = 0$ 이므로, Ω에서 $f(z)e^{-g(z)} = C$ = 복소상수이다.

특히, Ω가 연결집합이므로 $C \neq 0$ 이다.

그런데, $g(z_0) = \log(f(z_0))$ 이므로, $C = f(z_0)e^{-g(z_0)} = 1$ 이다.

그러므로 $f(z) = e^{g(z)}$ 이다.

따름정리 4.8.4 **[경로 변형의 원리]**

$z_o \in \Omega$, 복소 함수 $f : \Omega - z_0 \to \mathbf{C}$에서 해석적 함수이면, 영역 Ω 안의 임의의 단순폐곡선 C에 대하여, $\int_C f(z)dz = \int_{C_r : |z - z_0| = r} f(z)dz$, 여기서 C_r : $|z - z_0| = r$, $C_r \subset C$ 이다.

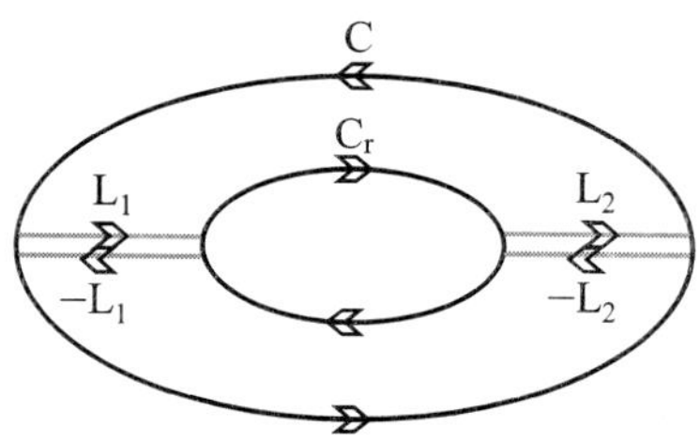

증명) $C_r \subset C$ 이라고 가정하면, 곡선 $C^* = C - C_r + L_1 - L_1 + L_2 - L_2$가 단순폐곡선이므로, Cauchy- Goursat의 정리에 의해서, $\int_{C^*} f(z)dz = 0$ 이다.

즉 $\int_{C - C_r} f(z)dz = 0$ 이므로, $\int_C f(z)dz = \int_{C_r : |z - z_0| = r} f(z)dz$ 이다.

예제 4.9

만일 $|z_0| < r$ 이면 원점은 원 $C_r : |z - z_0| = r$ 의 내부에 있게 된다.

따라서 $0 < s < r - |a|$ 인 $s \in \mathbf{R}$ 을 잡으면 $\int_{C_r : |z - z_0| = r} \frac{dz}{z} = \int_{C_s : |z| = s} \frac{dz}{z}$

$= \int_{-\pi}^{\pi} \frac{ise^{i\theta}}{se^{i\theta}} d\theta = 2\pi i$ 이다.

4.3 Cauchy 적분공식과 멱급수

특이점을 다루기 위하여 Cauchy-Goursat 정리를 수정할 수 있는데, 그 첫 번째 결과가 Cauchy 적분공식이다.

정의 4.11

C 가 복소 평면위의 단순 폐곡선이고, z_0 가 곡선 C 위에 있지 않을 때, z_0 에 관한 곡선 C 의 회전수(index of C)를 $I(C, z_0)$ 라고 정의하면 다음과 같다:

$$I(C, z_0) = \frac{1}{2\pi i} \int_C \frac{dz}{z - z_0}.$$

□ 참고 4.5 □

z_0 에 관한 단순 폐곡선 C 의 회전수 $I(C, z_0)$ 는 정수이다.

정리 4.9 [Cauchy 적분공식(CIF)]

복소 함수 $f : \Omega \subset \mathbf{C} \rightarrow \mathbf{C}$ 가 해석적인 함수이고, Ω 가 단순연결 영역일 때, C 가 Ω 안의 단순폐곡선, C 내부의 임의의 점 z_0 에 대하여, $\frac{1}{2\pi i} \int_C \frac{f(z)dz}{z - z_0} = f(z_0) \cdot I$

(C, z_0)이 성립한다.

즉, z_0에서의 함수값 $f(z_0)$는 단순 폐곡선 C에서의 함수 f의 선적분에 의하여 완전히 결정된다.

증명) C 내부의 $C_r : |z-z_0| < r$을 생각하면 경로 변형의 원리에 의해서

$$\frac{1}{2\pi i}\int_C \frac{f(z)dz}{z-z_0} = \frac{1}{2\pi i}\int_{C_r} \frac{f(z)dz}{z-z_0}$$

$$= \frac{1}{2\pi i}\int_{C_r} \frac{f(z_0)dz}{z-z_0} + \frac{1}{2\pi i}\int_{C_r} \frac{f(z)-f(z_0)}{z-z_0}dz$$

$$= \frac{1}{2\pi i}f(z_0)\int_{C_r} \frac{dz}{z-z_0} + \frac{1}{2\pi i}\int_{C_r} \frac{f(z)-f(z_0)}{z-z_0}dz$$

이고 또한,

$\int_{C_r} \frac{dz}{z-z_0} = \int_0^{2\pi} \frac{1}{re}iredt = 2\pi i$ 와 $\left|\int_{C_r} \frac{f(z)-f(z_0)}{z-z_0}dz\right| \le \frac{M_r}{r}2\pi r = 2\pi M_r \to 0 \text{ as } r \to 0$

$C_r : z(t) = z_0 + re,\ 0 \le t \le 2\pi$ 이므로, $\frac{1}{2\pi i}\int_c \frac{f(z)dz}{z-z_0} = f(z_0)$ 이다.

예제 4.10

(1) Cauchy 적분공식에 의하여,

$$\frac{1}{2\pi i}\int_{|z|=1} \frac{e^z}{z-0}dz = f(0) = e^0 = 1$$

(2) Cauchy 적분공식을 이용하면,

$$\int_{|z|=2} \frac{dz}{z^2+1} = \frac{1}{2i}\int_{|z|=2}\left\{\frac{1}{z-i} - \frac{1}{z+i}\right\}dz$$

$$= \frac{1}{2i}\int_{|z|=2} \frac{1}{z-i}dz - \frac{1}{2i}\int_{|z|=2} \frac{1}{z+i}dz$$

$$= \frac{1}{2i}2\pi i f(i) - \frac{1}{2i}2\pi i f(-i)$$

$$= \pi - \pi = 0$$

| 문제 4.2 |

(1) Cauchy-Goursat 정리를 이용하면,

$$\int_{C:|z|=1} \frac{\sin z}{2z-3i}dz = \int_{C:|z|=1} \frac{\frac{1}{2}\sin z}{z-\frac{3}{2}i}dz = 0$$

(2) Cauchy 적분공식을 이용하면,

$$\int_{C:|z|=2} \frac{z^3-1}{z+i}dz = 2\pi i f(-i) = 2\pi i(i-1) = -2\pi - 2\pi i$$

정리 4.10

곡선 C, 연속함수 $f: C \to \mathbf{C}$에 대하여 함수 $F(z)$를 다음과 같이 정의하자.

$$F(z) = \frac{1}{2\pi i}\int_c \frac{f(\xi)}{\xi - z}d\xi$$

이때, $z_0 \in \mathbf{C} - C$에 대하여 $a_n = \frac{1}{2\pi i}\int_C \frac{f(\xi)}{(\xi - z_0)^{n+1}}d\xi$, $n = 0, 1, 2, \cdots$ 라 두면 C와 만나지 않는 열린원판 $D(z_0, r) = \{z \in \mathbf{C} \mid |z - z_0| < r\}$ 위에서 해석적인 함수 $F(z)$는 다음 :

$F(z) = \sum_{n=0}^{\infty} a_n (z - z_0)^n$, $z \in D(z_0, r)$과 같이 멱급수로 표시된다.

증명) $z \in D(z_0, r)$, $\xi \in C$

$$\left|\frac{z - z_0}{\xi - z_0}\right| < 1$$

$$\frac{1}{\xi - z} = \frac{1}{\xi - z_0 - (z - z_0)} = \frac{\frac{1}{\xi - z_0}}{1 - \frac{z - z_0}{\xi - z_0}} = \frac{1}{\xi - z_0}\frac{1}{1 - \frac{z - z_0}{\xi - z_0}}$$

$$= \frac{1}{\xi - z_0}\sum_{n=0}^{\infty}\left(\frac{z - z_0}{\xi - z_0}\right)^n = \sum_{n=0}^{\infty}\frac{1}{(\xi - z_0)^{n+1}}(z - z_0)^n$$

$$F(z) = \frac{1}{2\pi i}\int_c \frac{f(\xi)}{\xi - z}d\xi$$

$$= \frac{1}{2\pi i}\int \sum_{cn=0}^{\infty} \frac{f(\xi)}{(\xi - z_0)^{n+1}} d\xi (z - z_0)^n$$

$$= \sum_{n=0}^{\infty} \left[\frac{1}{2\pi i}\int_c \frac{f(\xi)}{(\xi - z_0)^{n+1}} d\xi \right] (z - z_0)^n$$

$$= \sum_{n=0}^{\infty} a_n (z - z_0)^n, \ z \in D(z_0, r)$$

$$\left(a_n = \frac{1}{2\pi i}\int_c \frac{f(\xi)}{(\xi - z_0)^{n+1}} d\xi = \frac{f^{(n)}(z_0)}{n!} \right)$$

정리 4.11 [도함수에 관한 Cauchy 적분공식 또는 일반화된 Cauchy 적분공식(GCIF)]

$\forall z_0$가 단순폐곡선 C 내부의 점이고, $f : C \subset \Omega \subset \mathbf{C} \to \mathbf{C}$: 해석적함수이면 $f^{(n)}(z_0)$ $= \frac{n!}{2\pi i}\int_c \frac{f(z)}{(z - z_0)^{n+1}} dz$, $n = 0, 1, 2, 3 \cdots$ 이다.

증명) $f(s) = \frac{1}{2\pi i}\int_c \frac{f(z)}{z - s} dz$: Cauchy 적분공식

$$f'(s) = \frac{1}{2\pi i} \frac{d}{ds}\int_c \frac{f(z)}{z - s} dz = \frac{1}{2\pi i}\int_c \frac{d}{ds} \frac{f(z)}{z - s} dz$$

$$= \frac{1}{2\pi i}\int_c \frac{f(z)}{1} - (z - s)^{-2}(-1) dz = \frac{1}{2\pi i}\int_c \frac{f(z)}{(z - s)^2} d$$

$$f''(s) = \frac{1}{2\pi i}\int_c f(z) \frac{d}{ds}(z - s)^{-2} dz = \frac{2!}{2\pi i}\int_c \frac{f(z)}{(z - s)^3} dz$$

$$f'''(s) = \frac{2!}{2\pi i}\int_c f(z) \frac{d}{ds}(z - s)^3 dz = \frac{3!}{2\pi i}\int_c \frac{f(z)}{(z - s)^4} dz$$

$$\vdots$$

그러므로 $f^{(n)}(z_0) = \frac{n!}{2\pi i}\int_c \frac{f(z)}{(z - z_0)^{n+1}} dz$, $n = 0, 1, 2, 3, \cdots$ 이다.

따름정리 4.11.1

복소 함수 f가 z_0에서 해석적이면, 모든 자연수 m에 대하여, $f^{(m)}(z_0)$가 존재한다. 즉, 해석적인 함수는 무한 번 미분가능하다(infinitely differentiable).

증명) 아주 작은 원 C: $|z-z_0|<\delta$을 생각하면, 복소 함수 f가 C 위와 내부에서 해석적이므로, 도함수에 관한 Cauchy 공식적분으로부터,

$$\exists \quad f^{(m)}(z_0)=\frac{m!}{2\pi i}\int_C \frac{f(z)}{(z-z_0)^{m+1}}dz.$$

예제 4.11

(1) 도함수에 관한 Cauchy 적분공식을 이용하면,

$$\int_{C:|z|=2}\frac{z^3+2z-3}{(z-i)^2}dz=2\pi i f'(i)=2\pi i(3i^2+2)=-2\pi i,\quad f(z)=z^3+2z-3.$$

(2) 도함수에 관한 Cauchy 적분공식을 이용하면,

$$\int_{C:|z|=1}\frac{\sin(z)}{z^2(z-2)}dz=\int_{C:|z|=1}\frac{f(z)}{z^2}dz,\ \text{여기서}\ f(z)=\frac{\sin(z)}{z-2},$$

$$=2\pi i f'(0)$$

$$=2\pi i\frac{(z-2)\cos(z)-\sin(z)}{(z-2)^2}\Big|_{z=0}=-i\pi$$

▌문제 4.3▐

(1) $\displaystyle\int_{|z|=1}\frac{z^4}{(z-2)^3}dz=0$ ($\because$ Cauchy-Goursat정리)

(2) $\displaystyle\int_{C:|z|=3}\frac{z^4}{(z-2)^3}dz=2\pi i\frac{f''(2)}{2!}=48\pi i$ ($\because$ 도함수에 관한 Cauchy 적분공식)

정리 4.12

복소 함수 $f:\Omega\subset\mathbf{C}\to\mathbf{C}$가 연속함수 일 때, 다음 5가지 조건은 서로 동치이다.

(가) $f:\Omega\to\mathbf{C}$: 해석적인 함수

(나) 임의의 직사각형 $R\subset\Omega$에 대하여, $\displaystyle\int_{C=\partial R}f(z)=0$

(다) $\exists$ 원시함수 F : 미분가능 : $F'=f$

(라) $\overline{D}(z_0, r)\equiv\{z\in C\,|\,|z-z_0|\le r\}\subset\Omega$에 대하여,

$$f(z) = \frac{1}{2\pi i}\int_{C:|z-z_0|=r} \frac{f(\xi)}{\xi - z} d\xi, \ z \in D(z_0, r)$$

(마) $\forall \overline{D}(z_0, r) \subset \Omega$에 대하여

$$f(z) = \sum_{n=0}^{\infty} a_n (z-z_0)^n, \ z \in D(z_0, r), \ a_n = \frac{1}{2\pi i}\int_c \frac{f(z)}{(z-z_0)^{n+1}} dz$$

증명)

(가) ⇒ (나) : Cauchy-Gorusat 정리에 의해서 성립한다.

(나) ⇒ (다) : $\int_{C:z(t),\, a \le t \le b} f(z)dz = F(z(b)) - F(z(a)) = 0, \ F' = f$

(가) ⇒ (라) : Cauchy 적분공식에 의하여 성립한다.

(라) ⇒ (마) : 정리 4.11에 의하여 성립한다.

(마) ⇔ (가) : 복소 함수 f가 영역 Ω에서 해석적인 함수인 것과 f가 수렴하는 멱급수로 표현되는 것은 동치이다(정리 3.6).

(나) ⇒ (가) : Morera의 정리라고 부른다.

증명) $\int_C f(z)dz = 0 \Rightarrow F(z) = \int_{z_0}^{z} f(s)ds$

$\Rightarrow F' = f$, 즉, f의 원시함수가 F이다.

$\Rightarrow f$는 해석적인 함수

(다) ⇒ (나) : $\exists F, \ F' = f \Rightarrow f$는 해석적인 함수

$$\Rightarrow \int_{\substack{C:z(t) \\ a \le t \le b}} f(z)dz = F(z(b)) - F(z(a)) = 0$$

정리 4.13 [Schwarz 반사원리(reflection principle)]

영역 $\Omega \subset \mathbf{C}$이 실수축에 관하여 대칭일 때, 즉, $z \in \Omega \Rightarrow \overline{z} \in \Omega$, $L = \Omega \cap \mathbf{R}$, $\Omega^{\pm} = \{z \in \Omega : \pm \mathrm{Im}(z) > 0\}$라고 놓으면, 복소 함수 $f : \Omega^{+} \cup L \to \mathbf{C}$가 Ω^{+}에서 연속이며, 해석적인 함수이고, L에서 실함수이며, 복소 함수 $g : \Omega \to \mathbf{C}$가 다음과 같이 정의되면:

$z \in \Omega^{+} \cup L$일 때, $g(z) = f(z)$이고, $z \in \Omega^{-}$일 때, $g(z) = \overline{f(\overline{z})}$이면, 복소 함수 g는 Ω에서 해석적인 함수이다.

증명) g는 Ω에서 연속이므로, Morera의 정리를 이용하면, g가 Ω에서 해석적인 함수임을 증명하기 위해서는, 폐사각형(closed rectangle) $R \subset \Omega$에 대하여, $\int_{C=\partial R} g(z)dz = 0$ 임을 보이면, 증명이 완료된다.

$R \subset \Omega^+$ 이거나, $R \subset \Omega^-$ 이면, g가 연속이고, 극한의 성질에 의하여,

$R \subset \Omega^+ \cup L$ 이거나, $R \subset \Omega^- \cup L$ 이다.

$R^{\pm} = \Omega^{\pm} \cup L$ 이고, $R = R^+ \cup R^-$ 이며, $R \cap \Omega^+ \neq \varnothing$, $R \cap \Omega^- \neq \varnothing$ 라고 가정하면,

$\int_{C=\partial R} g(z)dz = \int_{\partial R^+} g(z)dz + \int_{\partial R^-} g(z)dz = 0$ 이다.

따라서 Morera의 정리에 의해서, 복소 함수 g는 Ω에서 해석적인 함수이다.

정리 4.14 [항등정리 또는 해석적 연속의 원리]

영역 Ω 안의 수열 $\{z_n\}_{n=1}^{\infty}$ 이 $z_0 \in \Omega$로 수렴하고(단, $z_m \neq z_0$), f, g : $\Omega \to \mathbf{C}$: 해석적인 함수가 주어져 있다.

만일 $\forall n \in N$ 에 대하여 $f(z_n) = g(z_n)$ 이면, $f(z) = g(z)$ 이다.

증명) $\forall n \in N$ 에 대하여 $h = f - g \Rightarrow h(z_n) = (f-g)(z_n) = f(z_n) - g(z_n) = 0$

h : 연속함수이고, $\lim_{n\to\infty} h(z_n) = \lim_{n\to\infty} f(z_n) - \lim_{n\to\infty} g(z_n) = f(z_0) - g(z_0) = h(z_0) = 0$, $z_0 \in \Omega$

$\therefore \forall z \in \Omega$, $f(z) = g(z)$

영역 $\Omega \subset \mathbf{C}$에서 해석적인 함수는 영역 Ω의 집적점(accumulation point)을 갖는 부분집합에서의 함수값에 의해서 유일하게 결정된다.

정리 4.15

$\Omega \subset \mathbf{C}$가 영역(개집합이고, 연결집합)이고, $f : \Omega \to \mathbf{C}$가 해석적인 함수이며, $S \subset \Omega$가 집적점 z_0를 갖고, S에서 $f = 0$이면, Ω에서 $f = 0$이다.

증명) f가 Ω에서 해석적인 함수이므로, $\exists R > 0$: 개원판 $D(z_0, R) = \{z \in \mathbf{C} : |z - z_0| < R\} \subset \Omega$.

f는 $D(z_0, R)$에서 수렴하는 멱급수로 표현된다 :

$$f(z) = \sum_{n=0} a_n(z-z_0)^n, \quad |z-z_0| < R.$$

(1) $\forall a_n = 0$이면, $D(z_0, R)$에서 $f = 0$이다.

(2) a_k가 0이 아닌 첫 계수이면, $f(z) = (z-z_0)^k g(z)$, $g(z) = \sum_{n=0}^{\infty} a_{k+n}(z-z_0)^n$이다.

$g(z_0) = a_k \neq 0$이므로, $\exists$ z_0-근방 $N(z_0, \delta)$: $N(z_0, \delta)$에서, $g \neq 0$이다.

따라서 $z \in N(z_0, \delta) - \{z_0\}$에 대하여, $f(z) \neq 0$이다.

이 사실은 z_0가 S의 집적점이라는 가정에 모순된다.

그러므로 Ω에서 $f = 0$이다.

정리 4.16

$\Omega \subset \mathbf{C}$가 단순연결 영역(simply connected domain)이고, Ω에서 복소 함수 f가 해석적인 함수이면, $\exists$ Ω에서 해석적인 함수 $g : e^{g(z)} = f(z)$, $\forall z \in \Omega$.

증명) f가 상수함수가 아니라고 가정하고, $f'(z_0) \neq 0$이고, $f(z_0) \notin \mathbf{R}^- = (-\infty, 0]$인 $z_0 \in \Omega$를 택하여, $U \subset \Omega$이 z_0의 단순 연결 근방으로서, 복소 함수 $f : U \to \mathbf{C} - \mathbf{R}^-$로 정의하면, U에서 g를 다음과 같이 정의할 수 있다 :

$g(z) = \log(f(z))$, $\forall z \in U$, 여기서 $\log : \mathbf{C} - \mathbf{R}^- \to \mathbf{C}$이고, $\log(z) = \int_1^z \frac{d\xi}{\xi}$.

여기서, 적분은 $\mathbf{C} - \mathbf{R}^-$에서 1부터 z까지의 임의의 경로를 따라 한 것이다.

그러므로 $\log(f(z)) = \log(f(z_0)) + \int_{f(z_0)}^{f(z)} \frac{d\xi}{\xi}$, $\forall z \in U$ …… (*)

여기서, 적분은 $\mathbf{C} - \mathbf{R}^-$에서 $f(z_0)$에서 $f(z)$까지의 임의의 경로를 따라 한 것이다.

$\xi = f(\zeta)$로 변경하면, $g(z) = \log(f(z_0)) + \int_{z_0}^{z} \frac{f'(\zeta)}{f(\zeta)} d\zeta$, $\forall z \in U$,

여기서, 적분은 U에서 z_0에서 z까지의 임의의 경로를 따라 적분한 것이다.

그래서 이 경로의 상은 $\mathbf{C} - \mathbf{R}^-$에 놓인다.

Ω에서, f가 0이 아니면, $\frac{f'}{f}$는 Ω에서 해석적인 함수이고, Ω가 단순연결 영역이므로, 식 (*)의 우변은 Ω의 모든점 z에 대하여, 잘 정의되고, z_0에서 z까지의 모든

경로에 독립적이므로, Ω에서의 해석적인 함수로 정의된다.

따라서 $e^{g(z)} = f(z)$, $\forall z \in U$ 이다.

그러므로 정리 4.19에 의해서, $e^{g(z)} = f(z)$, $\forall z \in \Omega$ 이다.

□ 참고 4.6 □

(1) 정리 4.20에서, $\log(f(z))$는, 해석적 연속성(analytic continuation)에 의해서, U에서 Ω로 확장 된다고 한다.

(2) 정리 4.20에 의해서,

(a) $\sqrt{f(z)} = e^{(1/2)\log(f(z))}$, $z \in \Omega$와

(b) $\alpha \in C$에 대하여, $f(z)^{\alpha} = e^{\alpha \log(f(z))}$, $z \in \Omega$는 U에서 Ω로 해석적으로 연속이라고 말한다.

(3) $f(z) = \sum_{n=0}^{\infty} a_n (z - z_0)^n$, $a_n = \dfrac{f^{(n)}(z_0)}{n!}$

$= a_0 + a_1(z - z_0) + a_2(z - z_0)^2 + \cdots + a_{n-1}(z - z_0)^{n-1} + \cdots$ 이고, f의 원시함수를 F라고 하면 $F(z) = F(z_0) + a_0(z - z_0) + \dfrac{a_1}{2}(z - z_0)^2 + \cdots + \dfrac{a_{n-1}}{n}(z - z_0)^n + \cdots$

예제 4.12

함수 $f(z) = \sin^2 z$의 멱급수 전개를 구해 보자.

$$f'(z) = 2\sin z \cos z = \sin 2z = 2z - \frac{(2z)^3}{3!} + \cdots + \frac{(-1)^{n-1}}{(2n-1)!}(2z)^{2n-1} + \cdots$$

이므로 항별로 적분하면,

$$\sin^2 z = z^2 - \frac{1}{3!}\frac{1}{4}(2z)^4\frac{1}{2} + \cdots + \frac{(-1)^{n-1}}{(2n-1)!}\frac{1}{2n}(2z)^{2n}\frac{1}{2}$$

$$= \frac{2}{2!}z^2 - \frac{2^3}{4!}z^4 + \cdots + \frac{(-1)^{n-1}2^{2n-1}}{(2n)!}z^{2n} + \cdots$$

예제 4.13

분수함수 $f(z) = \dfrac{1}{z-1}$를 $z_0 = i$에서 멱급수로 전개하여 보자.

$$f(z) = \frac{1}{z-1} = \sum_{n=0}^{\infty} \frac{f^{(n)}(i)}{n!}(z-i)^n \ :\ \text{Tayler 급수}$$

$$\frac{1}{z-1} = \frac{-1}{(1-i)-(z-i)} = \frac{\frac{-1}{1-i}}{1-\frac{z-i}{1-i}}$$

$$= \frac{-1}{1-i}\sum_{n=0}^{\infty}\left(\frac{z-i}{1-i}\right)^n, \quad \left|\frac{z-i}{1-i}\right| < 1$$

$$= \sum_{n=0}^{\infty} \frac{-1}{(1-i)^{n+1}}(z-i)^n, \quad |z-i| < \sqrt{2}$$

4.4 Cauchy 적분공식의 응용

정리 4.17 [Cauchy 부등식]

해석적 함수 f가 원 $C : |z-z_0| = r$ 위에서 $\forall z \in C$, $|f(z)| \le M$ 인 $M > 0$이 존재하면 $\left|f^{(n)}(z_0)\right| \le \dfrac{n!M}{r^n}$ 이다.

증명) 도함수에 관한 Cauchy 적분공식에 의해서,

$$f^{(n)}(z_0) = \frac{n!}{2\pi i}\int_{C:|z-z_0|=r} \frac{f(z)}{(z-z_0)^{n+1}}dz \text{ 이므로,}$$

$$\left|f^{(n)}(z_0)\right| = \left|\frac{n!}{2\pi i}\int_{c}\frac{f(z)}{(z-z_0)^{n+1}}dz\right|$$

$$\le \frac{n!}{2\pi i}\int_{c}\left|\frac{f(z)}{(z-z_0)^{n+1}}\right||dz|$$

$$\le \frac{n!}{2\pi}\frac{M}{r^{n+1}}2\pi r = \frac{n!M}{r^n}$$

정리 4.18 [Liouville 정리]

복소 함수 f가 유계 전해석 함수이면, f는 상수함수이다.

증명) $f'(z) = \frac{1}{2\pi i}\int_{C:|s-z|=r}\frac{f(s)}{s-z}ds$, z는 임의의 고정된 복소수 f가 C에서 해석함수 이므로 Cauchy 부등식에 의해 $|f'(z)| = \frac{M}{r}$, $\exists M>0$ s.t $|f(s)|<M$, $\forall s \in C$ 이고 $|f'(z)| \to 0$ as $r\to\infty$ 이므로 $f'(z)=0$, $\forall z \in \mathbf{C}$ 이므로 f는 상수이다.

정리 4.19 [대수학의 기본정리]

상수함수가 아닌 임의의 n차 복소 다항식 $p(z) = a_0 + a_1 z + \cdots + a_n z^n$, $a_n \neq 0$은 기껏해야 n개의 근을 갖는다. (단, z : 임의의 복소수, a_0, a_1, $\cdots$, $a_n \in \mathbf{C}$)

증명) 상수가 아닌 n차 복소 다항식 p(z)가 근을 하나도 갖지 않는다고 가정하면, $q(z) = \frac{1}{p(z)}$는 C에서 해석함수이고 유계이다.

$(\because\ |p(z)| = \left|z^n\left(\frac{a_0}{z^n} + \frac{a_1}{z^{n-1}} + \cdots + a_n\right)\right|$

$\geq |z^n|\left||a_n| - \left|\frac{a_0}{z^n} + \frac{a_1}{z^{n-1}} + \cdots + \frac{a_{n-1}}{z}\right|\right| \to \infty$ as $|z|\to\infty$ 이므로 $\lim_{|z|\to\infty}|p(z)| = \infty)$

Liouville의 정리에 의해서 q(z)는 상수함수이다.

따라서 p(z)도 상수함수이다.

이 사실은 p(z)가 상수가 아니라는 가정에 모순이다.

그러므로 p(z)는 적어도 하나 이상의 근을 갖는다.

정리 4.20 [Weierstrass의 수렴정리]

$\Omega \subset \mathbf{C}$가 영역이고, $\{f_n\}$이 Ω에서 해석적인 함수열로서, compact 집합 $K \subset \Omega$에서 복소 함수 f에 균등수렴하면, f는 Ω에서 해석적인 함수이고, 함수열 $\{f_n'\}$도 K에서

f' 에 균등수렴한다.

증명) $z_0 \in \Omega$, $r > 0 : \overline{D(z_0, r)} \subset \Omega$, $C = \partial D(z_0, r)$ 를 생각하면, $0 < r_1 < r$ 과 $z \in \overline{D(z_0, r_1)}$ $\subset \Omega$ 에 대하여, Cauchy 적분공식에 의하여, $f_n(z) = \frac{1}{2\pi i}\int_C \frac{f_n(\zeta)}{\zeta - z}d\zeta$, $n = 1, 2, \cdots$ 이다.

$|\zeta - z| \geq r - r_1 = \delta > 0$ 이므로, 모든 $z \in \overline{D(z_0, r_1)}$ 에 대하여, $\frac{f_n(\zeta)}{\zeta - z}$ 가, $\zeta \in C$ 에 관하여, $\frac{f(\zeta)}{\zeta - z}$ 에 균등수렴한다.

C 가 Ω 에서 compact집합이므로, 극한과 적분의 순서를 바꿀 수 있어서 다음과 같은 결과를 얻는다 :

$f(z) = \frac{1}{2\pi i}\int_C \frac{f(\zeta)}{\zeta - z}d\zeta$, $z \in \overline{D(z_0, r_1)}$.

f 가 C 에서 연속이므로, f 는 $\overline{D(z_0, r_1)}$ 에서 해석적인 함수이다.

따라서 f 는 $D(z_0, r)$ 에서 해석적인 함수이고,

그러므로 f 는 Ω 에서 해석적인 함수이다.

도함수에 관한 Cauchy 적분공식에 의하여, $f_n'(z) = \frac{1}{2\pi i}\int_C \frac{f(\zeta)}{\zeta - z}d\zeta$, $z \in \overline{D(z_0, r_1)}$.

그런데, $\lim_{n\to\infty} f_n'(z) = \lim_{n\to\infty} \frac{1}{2\pi i}\int_C \frac{f_n(\zeta)}{(\zeta - z)^2}d\zeta$

$$= \frac{1}{2\pi i}\int_C \frac{f(\zeta)}{(\zeta - z)^2}d\zeta = f'(z) \text{ 이므로,}$$

$f_n'(z)$ 가 Ω 에서 $f'(z)$ 에 수렴한다.

그런데, $z \in \overline{D(z_0, r_1)}$ 에 대하여,

$$|f_n'(z) - f'(z)| = \left|\frac{1}{2\pi i}\int_C \frac{f_n(\zeta) - f(\zeta)}{(\zeta - z)^2}d\zeta\right|$$

$$\leq \frac{1}{2\pi}\sup_{\zeta \in C} |f_n(\zeta) - f(\zeta)| \int_C \frac{1}{|\zeta - z|^2}|d\zeta|$$

$$\leq \frac{r}{(r - r_1)^2} \sup_{\zeta \in C} |f_n(\zeta) - f(\zeta)| \text{ 이므로,}$$

함수열 $\{f_n'\}$ 도 compact집합 $K \subset \Omega$ 에서 f' 에 균등수렴 한다.

정리 4.21 [Gauss의 평균값 정리]

함수 f가 C : $|z-z_0|=r$ 을 포함하는 영역 D에서 해석함수이면

$$f(z_0)=\frac{1}{2\pi}\int_{-\pi}^{\pi} f(z_0+re^{\theta i})d\theta=\frac{1}{2\pi}\int_{0}^{2\pi} f(z_0+re^{\theta i})d\theta$$

(즉, 중심 z_0 에서의 f의 함수값을 알면 원위에서 함수 f의 평균값을 알 수 있다.)

증명) Cauchy 적분공식에 의해서

$$f(z_0)=\frac{1}{2\pi i}\int_{c:|z-z_0|=r}\frac{f(z)}{z-z_0}dz,\quad C:z(\theta)=z_0+re^{i\theta},\ \ 0\le\theta\le 2\pi$$

$$=\frac{1}{2\pi i}\int_0^{2\pi}\frac{f(z_0+re^{\theta i})}{re^{\theta i}}ire^{\theta i}d\theta$$

$$=\frac{1}{2\pi}\int_0^{2\pi} f(z_0+re^{\theta i})d\theta$$

정리 4.22

폐원판 $\overline{D}=\overline{D}(z_0,\ r)=\{z\in C \mid |z-z_0|\le r\}$ 를 포함하는 영역 Ω 위에서 정의된 해석함수 f가 다음 부등식 $|f(z_0)|<\min\{|f(z)| \mid |z-z_0|=r\}$ 을 만족하면 f는 개원판 $D=D(z_0,\ r)=\{z\in C \mid |z-z_0|<r\}$ 안에서 근을 갖는다.

증명) $\forall z\in\partial D,\ |f(z)|>0$ (주어진 가정의 부등식으로부터…)

만일 f가 D 안에서 근을 갖지 않는다고 가정하면, $\overline{D}=D\cup\partial D$ 에서도 근을 갖지 않는다.

f가 연속함수이므로 $\exists D(z_0,\ r+\epsilon)\subset\Omega$ s.t f는 $D(z_0,\ r+\epsilon)$ 에서도 근을 갖지 않는다.

따라서 $g(z)=\frac{1}{f(z)}$ 이라고 놓으면, g는 $D(z_0,\ r+\epsilon)$ 에서 해석적인 함수이고

$$\left|\frac{1}{f(z_0)}\right|=|g(z_0)|\le\max|g(z)|=\max\left|\frac{1}{f(z)}\right|=\frac{1}{\min|f(z)|},\ (\text{단 } z\in\partial D)$$

($\because$) Gauss의 평균값 정리

따라서 $|f(z_0)|\ge\min|f(z)|$, $z\in\partial D$ 이므로 결론이 부등식 가정에 모순이다.

그러므로 f는 D 안에서 근을 갖는다.

정리 4.23

복소 함수 f가 z_0-근방 U에서 해석적인 함수이고, $f'(z_0) \neq 0$이면, $\exists f(z_0)$-근방 V에서 해석적인 함수 $g : g(f(z)) = z, \ \forall z \in U$.

증명) 두 번 평행이동하고, 영이 아닌 상수를 곱함으로써, $z_0 = f(z_0) = 0$, $f'(z_0) = 1$이라고 가정할 수 있다. 따라서 f를 Maclaurin 급수 전개하면, $f(z) = z + \sum_{k=2}^{\infty} a_k z^k$이다.

$g(w) = \sum_{n=1}^{\infty} b_n w^n$이면, $f(g(w)) = w$, $w \in V_1 \subset V$이다.

따라서 $g(w) + \sum_{k=2}^{\infty} a_k g(w)^k = w$이다.

위 방정식으로부터, 모든 계수 b_n은 a_k를 반복적으로 얻을 수 있으므로, 멱급수 $g(w) = \sum_{n=1}^{\infty} b_n w^n$은 수렴반경 $R > 0$을 갖고, g는 $|w| < R$에서 해석적인 함수이고, $g(f(z)) = z$, $z \in D(0, \delta)$, $\delta > 0$이다.

정리 4.24 [열린사상정리(Open Mapping Theorem)]

영역 Ω에서 정의된 해석함수 f가 상수함수가 아니면, f는 열린 사상(open mapping)이다.

즉, $\forall U (\subset \Omega)$: 개집합(open) $\Rightarrow$ $f(U)$: 개집합(open)

증명) $\forall z_0 \in \Omega$, $\exists$ $f(z_0)$-근방 V: $f(\Omega)$가 V-근방을 포함한다는 것을 증명하면, 충분하다.

평행이동하여, $z_0 = 0$, $f(0) = 0$라고 가정할 수 있다.

그러면, $\exists$ 충분히 아주 작은 0-근방 $N(0, \delta)$: $f(z) = z^m f_m(z) = a_m z^m (1 + h(z))$,

여기서, $f_m(0) \neq 0$이므로, $a_m \neq 0$이고, $h(0) = 0$이다.

따라서 $N(0, \delta)$에서 정의된 해석적인 함수 h_1에 대하여, $f(z) = [az(1 + h_1(z))$이다.

$f_1(z) = az(1 + h_1(z))$라고 놓으면, 정리 4.27에 의해서, f_1은 국소적으로 해석적인 역함수를 갖는다.

따라서 f_1은 열린사상(open mapping)이고, 특히, $\exists$ 0-근방 U, $\delta > 0$: $D(0, \delta) \subset$

$f_1(U)$ 이다.

그런데, $f(z) = f_1(z)^m$ 이므로, $D(0, \delta^m) \subset [f_1(U) = f(U)$ 이다.

그러므로 f는 열린사상(open mapping)이다.

정리 4.25 **[최대절대값원리]**

복소 함수 $f: \Omega$(유계영역) $\rightarrow \mathbf{C}$가 해석적함수이고 $f: \overline{\Omega} = \Omega \cup \partial\Omega \rightarrow \mathbf{C}$가 연속함수이면, $\max\{|f(z)| : z \in \overline{\Omega}\} = \max\{|f(z)| : z \in \partial\Omega\}$ 이다.

증명1) $f: \Omega \rightarrow \mathbf{C}$: 해석함수이고 $z = z_0$에서 $|f(z_0)|$가 $D(z_0, r)$에서 극대값을 가진다고 가정하면 $f(D(z_0, r)) \subset D(0, |f(z_0)|)$이 성립되어야 하는데 $f(D(z_0, r))$는 개집합이 아니다.

따라서 열린사상정리에 의해서 f는 상수함수이다.

그러므로 $\max\{|f(z)| : z \in \overline{\Omega}\} = \max\{|f(z)| : z \in \partial\Omega\}$이다.

f가 영역 Ω에서 해석적이고 $\max\{|f(z_0)| : z_0 \in \Omega\}$ 이므로 f는 Ω에서 상수함수이다.

따라서 $\forall z \in \Omega$에 대해서 $|f(z)| = |f(z_0)|$이다.

증명2) 해석함수 f가 $z_0 \in \Omega$에서 $|f(z_0)|$가 $D(z_0, r)$에서 극대값을 가진다고 가정하면

$\exists D(z_0, r) \subset \Omega$(개집합) s.t $z \in D(z_0, r) \Rightarrow |f(z)| \le |f(z_0)|$

따라서 $0 < \rho < r$이면 $|f(z_0)| \le \dfrac{1}{2\pi}\displaystyle\int_{-\pi}^{\pi} |f(z_0 + \rho e^{i\theta})||d\theta| \le |f(z_0)|$이고

($\because$) Gauss의 평균값의 정리와 경로변형의 원리에 의해서

$|f(z_0)| = \dfrac{1}{2\pi}\displaystyle\int_{-\pi}^{\pi} f(z_0 + re^{i\theta})d\theta = \dfrac{1}{2\pi}\displaystyle\int_{-\pi}^{\pi} f(z_0 + \rho e^{i\theta})d\theta$ 이고

$|f(z')| \le |f(z_0)|$, $z' \in C_\rho$ 이므로 $\dfrac{1}{2\pi}\displaystyle\int_{-\pi}^{\pi} \{|f(z_0)| - |f(z_0 + \rho e^{i\theta})|\}|d\theta| = 0$ 이 성립한다.

그런데 $\theta \rightarrow |f(z_0)| - |f(z_0 + \rho e^{i\theta})|$이 연속함수이므로

$|f(z_0)| - |f(z_0 + \rho e^{i\theta})| = 0$, $\theta \in [-\pi, \pi]$, $0 < \rho < r$ 이 성립한다.

즉 함수 $z \rightarrow |f(z)|$가 열린원판 $D(z_0, r)$ 위에서 상수함수이므로 정리 3.4에 의하여 f가 열린원판 위에서 상수함수이고 항등정리를 적용하면 영역 Ω에서 상수함수가

된다.

정리 4.26 [Schwarz의 보조정리]

$D=\{z\in C : |z|<1\}$: 단위원 내부

가정 : $f : D\to D$ 해석적인 함수, $f(0)=0$

$\Rightarrow$ 결론 : $|f(z)|\le|z|,\ \forall z\in D$, 그리고 $|f'(0)|=1$

더욱이, $|f(z)|=|z|,\ z\neq 0$ 이거나 $|f'(0)|=1$ 이면

$\Rightarrow f(z)=az,\ |a|=1$, 즉 f는 회전

증명) $g(z)=\dfrac{f(z)}{z}$ 라 하면 $g(z)$는 $D-0$에서 해석적인 함수이고, $D_r=\{z\in C : |z|\le r\}$라 하자.

$r<1$에 대해서, 최대절대값의 원리를 이용하면, $|g(z)|=\dfrac{|f(z)|}{|z|}\le\dfrac{|f(z_r)|}{|z_r|}\le\dfrac{1}{r}$,

$\forall z\in D,\ \forall z_r\in\partial D_r$ 이고 $r\to 1$일 때, $|g(z)|\le 1$, 즉 $|f(z)|\le|z|,\ \forall z\in D$이다.

따라서 $|g(z)|=\dfrac{|f(z)|}{|z|}=\dfrac{|f(z)-f(0)|}{|z-0|}$, $f(0)=0$이므로 $|f'(0)|\le 1$이다.

더욱이, 결론이 등호가 성립하는 경우 $\exists z_0\in D$에 대해서 $g(z_0)=1$이며 최대절대값원리에 의해 g는 상수함수이다.

따라서 $\left|\dfrac{f(z)}{z}\right|=|a|=1$이므로 $f(z)=az$의 꼴로 표시된다.

연습문제

1. $-C$가 시계 방향으로 한 바퀴 도는 단위원일 때, $\int_{-C}\frac{e^z}{z}dz$ 를 구하라.

2. C가 반시계 방향으로 2바퀴 회전하는 단위원일 때, $\int_C\frac{e^z}{z}dz$ 를 구하라.

3. C가 $|z|=3$ 일 때, $\int_C\frac{e^z}{z(z-2)}dz$ 를 구하라.

4. C가 $|z|=1$ 일 때, $\int_C\frac{\sin(z)}{z^2}dz$ 를 구하라.

5. 복소 함수 f가 영역 $\Omega\subset\mathbf{C}$에서 해석적인 함수이고, $z_0\in\Omega$, $|f(z_0)|\ge|f(z)|$, $\forall z\in\Omega$이면, f는 Ω에서 상수함수임을 증명하라.

6. $\Omega\subset\mathbf{C}$가 실수축에 관하여 대칭인 영역으로, 복소 함수 f가 Ω에서 해석적인 함수이고, $\Omega\cap\mathbf{R}$에서 실수값을 가지면, $f(z)=\overline{f(\bar{z})}$, $\forall z\in\Omega$ 임을 증명하라.

7. 다음 복소 선적분을 계산하라.

(a) $\int_C e^{\pi z}dz$, 여기서 C는 i에서 $\frac{i}{2}$까지의 직선, $(1+i)/\pi$,

(b) $\int_C(1-z)dz$, 여기서 곡선 $C: z(t)=e^{it}$, $0\le t\le\pi$.

(c) $\int_C\cos(\frac{z}{2})dz$, 여기서 곡선 C는 원점과 $\pi+2i$를 연결하는 곡선.

8. $|z_0| < r < |w_0|$ 이고, 곡선 C가 중심이 원점이고 반지름이 r인 반시계방향으로 한 바퀴 도는 원일 때, $\int_C \frac{1}{(z-z_0)(z-w_0)}dz = \frac{2\pi i}{z_0 - w_0}$ 임을 증명하라.

9. 집합 $\Omega = \{z \in \mathbf{C} : -\pi < \arg(e^z + 1) < \pi\}$를 결정하고, 복소 함수 $\sqrt{e^z + 1}$ 가 Ω에서 잘 정의되고, 해석적인 함수임을 증명하라.

10. 복소 함수 $f : [0, 1] \to \mathbf{C}$가 연속이고, 복소 함수 $F : \Omega = \mathbf{C} - [0, 1] \to \mathbf{C}$가 $F(z) = \int_0^1 \frac{f(w)}{w-z}dw$로 정의하면, F는 Ω에서 해석적 함수임을 증명하라.

11. 전해석(entire) 함수 f가 $f(z+m+in) = f(z)$, $\forall z \in \mathbf{C}$, m, $n \in \mathbf{Z}$ 만족하면, f는 상수함수임을 증명하라.

12. $p(z) = a_0 + a_1 z + \cdots + a_n z^n$, a_0, a_1, $\cdots$, $a_n \in \mathbf{R}$인 n차 다항식일 때, 복소수 z가 p의 근이면, z의 켤레복소수 $\bar{z}$도 p의 근임을 증명하라.

13. 임의의 단순 폐곡선 C에 대하여, $\int_C z\exp(z^2)dz = 0$ 임을 증명하라.

14. $\mathrm{Re}(z) > 0$일 때, $F(z) = \frac{i}{2}\mathrm{Log}(z+i) - \frac{i}{2}\mathrm{Log}(z-i)$가, $f(z) = \frac{1}{z^2+1}$의 역도함수(또는 원시함수)임을 보여라.

15. 복소 함수 f가 전해석(entire)함수이고, 모든 실수 x에 대하여, $f(x+2\pi) = f(x)$이면, $f(z+2\pi) = f(z)$, $\forall z \in \mathbf{C}$ 임을 증명하라.

16. 복소 함수 f가 전해석 함수이고, 조화 함수 $v(x, y) = \mathrm{Im}(f)$가 상계(upper bound) v_0를 가질 때,

(a) $v(x, y)$가 전평면에서 상수 함수임을 증명하라.

(b) Cauchy-Riemann 방정식을 이용하여, 복소 함수 f도 복소평면 전체에서 상수 함수임을 증명하라.

17. 복소 다항식 $p(z) = a_0 + a_1 z + \cdots + a_{10} z^{10}$에 대하여, 원 $C: |z| = 3$ 위의 임의의 점 z, $|p(z)| \leq 6$일 때, $|a_{10}|$의 상계(upper bound)를 구하라.

18. 복소 함수 f가 전해석 함수이고, $\exists n \geq 0,\ \exists \alpha, \beta \in \mathbf{C}: |f(z)| \leq \alpha + \beta |z|^n$이면, f는 기껏해야 n차 다항식임을 증명하라.

19. $u(x, y)$가 전평면에서 유계 조화 함수이면, 상수 함수임을 보여라.

20. C_1은 0에서 1까지의 직선이고, C_2는 1에서 $1+i$까지의 직선이고, C_3는 $1+i$에서 i까지 직선이며, 경로 $C = C_1 + C_2 + C_3$일 때,

(a) C의 매개방정식과 경로 적분(contour integral)의 정의를 이용하여, $\int_C e^z dz$를 구하라.

(b) e^z의 역도함수(또는 원시함수)를 이용하여, $\int_C e^z dz$를 구하라.

21. $[0, 2\pi] \times [0, 2\pi]$에서 $|\sin(z)|$의 최대값을 구하라.

22. 복소 함수 f가 전해석 함수이고, $\forall z \in \mathbf{C}$, $|f(z)| \geq 1$이면, f가 상수 함수임을 증명하라.

23. 복소 함수 $f: \mathbf{C} \to \mathbf{C}$가 상수함수가 아닌 해석적 함수이면, 실함수 $M: [0, \infty) \to \mathbf{R}$, $t \mapsto \max_{|z|=t} |f(z)|$는 단조 증가 함수임을 증명하라.

CHAPTER 05

Laurent 급수와 유수계산

Cauchy 적분정리를 이용하면, 해석적인함수를 적당한 수렴구간에서 멱급수로 전개 가능하다. 그런데 복소 함수 f가 z_0에서 고립 특이점을 갖더라도, 적당한 영역에서 수렴하는 멱급수로 전개할 수 있는데 이 멱급수를 Laurent 급수라고 한다.

Laurent 급수 $\sum_{n=-\infty}^{\infty} a_n(z-z_0)^n$의 계수 중 a_{-1}을 함수 f의 z_0에서의 유수(residue)라고 부르고, $a_{-1}=\text{Res}(f, z_0)$로 표시한다. 유수를 이용하여 선적분, 적분값, 무한급수의 합, 등을 계산할 수 있고, 구역에서의 다항식의 근의 개수도 구할 수 있다.

5.1 멱급수, Taylor 급수, Laurent 급수

복소 함수에 대한 멱급수 이론에 의하면, 임의의 복소 미분가능함수 f(z)는 적당한 수렴구간 $\{z : |z-z_0| < r\}$에서 수렴하는 Taylor 급수로 전개가능하다는 것이 널리 알려져 있다. 만약 복소 함수 f가 z_0에서 고립특이점(an isolated singular point)을 가지면, f는 Taylor 급수로 전개할 수 없지만 적절한 구역에서 Laurent 급수 $\sum_{n=-\infty}^{\infty} a_n (z-z_0)^n$로 전개가능하다. Laurent 급수는 특이점을 좀 더 잘 이해할 수 있게 할 뿐만 아니라, 궁극적으로는 고립특이점을 극(poles), 제거가능 특이점(removable singularities), 본질적 특이점(essential singularities)으로 분류할 수 있게 해준다.

정리 5.1 [Taylor의 정리]

복소 함수 f가 $\overline{D}(z_0, R) = \{z \in \mathbf{C} : |z-z_0| \le R\}$에서 해석적인 함수이면, 멱급수 $\sum_{n=0}^{\infty} \frac{f^{(n)}(z_0)}{n!}(z-z_0)^n$가 $D(z_0, R) = \{z \in \mathbf{C} : |z-z_0| < R\}$에서 $f(z)$에 수렴한다.

이 때, 이 멱급수를 z_0에서 복소 함수 f의 Taylor 급수라고 부르고, 특히, $z_0 = 0$이면, 이 멱급수를 복소 함수 f의 Maclaurin 급수라고 부른다.

증명) 복소 함수 $g(z) = f(z+z_0)$로 놓으면, $g(0) = f(z_0)$, $g'(0) = f'(0)$, $\cdots$ 이고, g는 폐원판 $\{z : |z| \le R\}$에서 해석적인 함수이다.

이제, 멱급수 $\sum_{n=0}^{\infty} \frac{g^{(n)}(0)}{n!} z^n$이 개원판 $\{z : |z| < R\}$에서 $g(z)$에 수렴함을 증명하면 충분하다.

반시계방향으로 일회전 하는 원 $C = \{z : |z| = R\}$에 대하여, Cauchy 적분정리를 적용하면, $g(z) = \frac{1}{2\pi i}\int_C \frac{g(w)}{w-z} dw$, $\forall |z| < R$이다.

w가 C 위에 있으므로, $|w| = R$이고, $\left|\frac{z}{w}\right| < 1$이다.

그래서 $\frac{1}{2\pi i}\int_C \frac{g(w)}{w-z}dw = \frac{1}{2\pi i}\int_C \frac{g(w)}{w}\frac{1}{1-z/w}dw$

$$= \frac{1}{2\pi i}\int_C \sum_{n=0}^{\infty} \frac{g(w)z^n}{w^{n+1}}dw$$

$$= \sum_{n=0}^{\infty} \frac{1}{2\pi i}\int_C \frac{g(w)z^n}{w^{n+1}}dw$$

$$= \sum_{n=0}^{\infty} \frac{g^{(n)}(z_0)}{n!}z^n$$

왜냐하면, 도함수에 관한 Cauchy 적분공식으로부터, $\int_C \frac{g(w)}{w^{n+1}}dw = \frac{2\pi i}{n!}g^{(n)}(0)$ 이기 때문이다.

그러므로 $g(z) = \sum_{n=0}^{\infty} \frac{g^{(n)}(z_0)}{n!}z^n$ 이다.

□ 참고 5.1 □ [Taylor-Maclaurin 급수]

(1) 복소 지수함수 e^z, 복소 삼각함수 $\sin(z)$, $\cos(z)$ 의 Maclaurin 급수

(a) $e^z = \sum_{n=0}^{\infty} \frac{z^n}{n!} = 1 + z + \frac{z^2}{2!} + \cdots$

(b) $\sin(z) = \sum_{n=0}^{\infty} \frac{(-1)^n z^{2n+1}}{(2n+1)!} = z - \frac{z^3}{3!} + \frac{z^5}{5!} - \cdots$

(c) $\cos(z) = \sum_{n=0}^{\infty} \frac{(-1)^n z^{2n}}{(2n)!} = 1 - \frac{z^2}{2!} + \frac{z^4}{4!} - \cdots$,

(2) $1/(1-z)$ 에 대한 Maclaurin 급수 :

$\frac{1}{1-z} = \sum_{n=0}^{\infty} z^n = 1 + z + z^2 + \cdots$ 는 $|z| < 1$ 이면 수렴하고, $|z| \geq 1$ 이면 발산한다.

(3) $\mathrm{Log}(1-z)$ 에 대한 Maclaurin 급수 :

$\mathrm{Log}(1-z) = -\sum_{n=1}^{\infty} \frac{z^n}{n} = -z - \frac{z^2}{2} - \frac{z^3}{3} - \cdots$ 는 $z=1$ 을 제외한 모든 $|z| \leq 1$ 에 대하여 수렴하지만, 그 밖의 모든 다른 z 에 대하여서는 발산한다.

정리 5.2 [멱급수의 적분]

$f(z)=\sum_{n=0}^{\infty} a_n(z-z_0)^n$ 이 수렴반경이 R 이고, $0<r<R$ 에 대하여, 폐원판 $\overline{D}(z_0, r)=\{z\in\mathbf{C}: |z-z_0| \le r\}$ 내부의 z_1 에서 z_2 까지의 곡선 C 에 관하여, $\int_C f(z)dz = \sum_{n=0}^{\infty}\int_C a_n(z-z_0)^n dz = \sum_{n=0}^{\infty} a_n \frac{(z-z_0)^{n+1}}{n+1}\Big|_{z_1}^{z_2}$ 이 성립한다.

증명) 멱급수 $\sum_{n=0}^{\infty} a_n(z-z_0)^n$ 는 C 위에서 균등수렴하므로,

$$\int_C \sum_{n=0}^{\infty} a_n(z-z_0)^n dz = \sum_{n=0}^{\infty}\int_C a_n(z-z_0)^n dz$$
$$= \sum_{n=0}^{\infty} a_n \frac{(z-z_0)^{n+1}}{n+1}\Big|_{z_1}^{z_2}.$$

정의 5.1 [멱급수의 미분]

$f(z)=\sum_{n=0}^{\infty} a_n(z-z_0)^n$, $|z-z_0| < R$, R 은 수렴반경이면,

$f'(z)=\sum_{n=1}^{\infty} a_n n(z-z_0)^{n-1}$, $|z-z_0| < R$ 이다.

증명) 곡선 C 를 중심이 z_0 이고 반지름이 R 인 원이라고 가정하고, $|z-z_0| < R$ 이면, z 는 C 내부의 점이므로, 일반화된 Cauchy 적분공식에 의하여,

$$f'(z)=\frac{1}{2\pi i}\int_C \frac{f(w)}{(w-z)^2}dw,$$
$$=\frac{1}{2\pi i}\int_C \sum_{n=0}^{\infty}\frac{a_n(w-z_0)^n}{(w-z)^2}dw,$$
$$=\sum_{n=0}^{\infty} a_n \frac{1}{2\pi i}\int_C \frac{(w-z_0)^n}{(w-z)^2}dw,$$ (∵ 멱급수가 균등수렴 하기 때문이다)

$$= \sum_{n=1}^{\infty} a_n n (z-z_0)^{n-1}.$$

($\because$ f(w)에 도함수에 관한 Cauchy 적분공식을 적용하면,

$$\frac{1}{2\pi i}\int_C \frac{(z-z_0)^n}{(w-z)^2}dw = f'(z), \ f(w) = (w-z_0)^n)$$

정리 5.3 [Laurent의 정리]

복소 함수 f가 $r < |z-z_0| < R$ 에서 해석적일 경우

$$f(z) = \sum_{n=-\infty}^{\infty} a_n (z-z_0)^n, \ r < |z-z_0| < R$$

이때 $a_n = \dfrac{1}{2\pi i}\displaystyle\int_{C: |z-z_0| = \rho} \dfrac{f(z)}{(z-z_0)^{n+1}}dz$, $n = 0, \pm 1, \pm 2, \cdots$, $r < \rho < R$.

이때, 위 급수를 Laurent 급수(Laurent series)라고 부른다.

로랑 급수의 각 계수들은 코시 적분공식에 나오는 계수를 그대로 쓰면 된다는 것이 로랑의 정리이다.

정리 5.4

주어진 Laurent 급수 $\sum_{n=0}^{\infty} a_n (z-z_0)^n$ 에 대하여, $\exists 0 \le r < R \le \infty$:

다음 조건을 만족한다 :

(1) 위 Laurent 급수는 $r < |z-z_0| < R$ 에서 절대수렴하고,

(2) 위 Laurent 급수는 $|z-z_0| < r$ 이나 $|z-z_0| > R$ 에서는 발산한다.

(3) 위 Laurent 급수는 폐원환 $\overline{A} = \{z \in \mathbf{C} : r_1 \le |z-z_0| \le R_1, \ r < r_1 < R_1 < R\}$ 에서 균등수렴한다.

정의 5.2

위 급수에서 $n = -1$ 인 경우 즉, $a_{-1} = \text{Res}(f, z_0)$를 함수 f의 $z = z_0$에서의 **유수**

(Residue)라고 정의한다.

□ **참고 5.2** □

유수의 계산은 선적분을 통하여 원시함수를 구할 수 없는 함수들의 정적분을 구하는 데 에큰 도움이 될 뿐 아니라, 주어진 구역 내부에 있는 근의 개수를 구하는 등 이론적인 측면에서 매우 중요한 역할을 한다.

5.2 특이점(singularities)과 Laurent 급수

정의 5.3

복소 함수 f가 z_0에서 해석적이지 않으나, 적당한 z_0를 제외한 영역 $D(z_0, r)\setminus z_0 = \{z \in \mathbf{C} : |0 < |z - z_0| < r\}$에서 해석적이면 z_0를 f의 **고립특이점**(isolated singular point)이라고 부른다.

예제 5.1

$f(z) = \dfrac{1}{z^2 - 1}$에서 $z = \pm 1$은 f의 고립특이점이다.

$g(z) = e^{\frac{1}{z}}$에서 $z = 0$은 g의 고립특이점이다.

정리 5.5 [Laurent의 정리]

해석함수 f가 개원환 $A = \{z \in \mathbf{C} : r < z - z_0| < R\}$에서 정의되면 즉, z_0가 f의 고립특이점이면 $f(z) = \sum_{n=-\infty}^{\infty} a_n (z - z_0)^n$, $r < |z - z_0| < R$이 성립한다. 즉, f는 로랑급수 전

개 가능하다.

증명) 함수 f가 A에서 해석적이므로, Cauchy 적분공식과 경로변형의 원리에 의해서

$$f(z) = \frac{1}{2\pi i}\int_{C_2}\frac{f(\zeta)d\zeta}{\zeta - z} - \frac{1}{2\pi i}\int_{C_1}\frac{f(\zeta)d\zeta}{\zeta - z},\ C=C_2 - C_1,\ \cdots\cdots\cdots(1)$$ 이다.

(i) C_2에서 $|z-z_0|<|\zeta - z_0|$ 즉, $\left|\frac{z-z_0}{\zeta-z_0}\right|<1$ 이므로

$$\frac{1}{\zeta - z} = \frac{1}{\zeta - z_0 - (z-z_0)} = \frac{1}{1-\frac{z-z_0}{\zeta - z_0}}\cdot\frac{1}{\zeta - z_0}$$

$$= \frac{1}{\zeta - z_0}\sum_{n=0}^{\infty}\left(\frac{z-z_0}{\zeta-z_0}\right)^n = \sum_{n=0}^{\infty}\left(\frac{1}{\zeta - z_0}\right)^{n+1}\cdot(z-z_0)^n\ \cdots\cdots\cdots(2)$$ 이다.

(ii) C_1에서는 $|z-z_0|>|\zeta - z_0|$ 즉, $\left|\frac{\zeta-z_0}{z-z_0}\right|<1$ 이므로

$$-\frac{1}{\zeta - z} = \frac{1}{z-\zeta} = \frac{1}{z-z_0-(\zeta - z_0)} = \frac{1}{1-\frac{\zeta - z_0}{z-z_0}}\cdot\frac{1}{z-z_0}$$

$$= \frac{1}{z-z_0}\sum_{n=0}^{\infty}\left(\frac{\zeta - z_0}{z-z_0}\right)^n = \sum_{n=0}^{\infty}\left(\frac{1}{z-z_0}\right)^{n+1}\cdot(\zeta - z_0)^n\ \cdots\cdots\cdots(3)$$

이므로 $n=-m-1$로 치환하면

$$-\frac{1}{\zeta - z} = \sum_{m=-\infty}^{-1}\left(\frac{1}{\zeta - z_0}\right)^{n+1}\cdot(z-z_0)^n$$ 이다.

식 (2), (3)을 식 (1)에 대입하여 무한합과 적분순서를 바꾸면

$$f(z) = \sum_{n=0}^{\infty}\frac{1}{2\pi i}\int_{C_2}\frac{f(\zeta)d\zeta}{(\zeta - z_0)^{n+1}}(z-z_0)^n + \sum_{n=-\infty}^{1}\frac{1}{2\pi i}\int_{C_1}\frac{f(\zeta)d\zeta}{(\zeta-z_0)^{n+1}}(z-z_0)^n$$ 이다. 이제

C_1, C_2를 모두 A안의 단일폐곡선 C^*로 바꾸면

$$f(z) = \sum_{n=-\infty}^{\infty}\frac{1}{2\pi i}\int_{C^*:\,|z-z_0|=\rho}\frac{f(\zeta)d\zeta}{(\zeta - z_0)^{n+1}}(z-z_0)^n,\ r<|z-z_0|<R,\ r<\rho<R$$ 이다.

정리 5.6

$0 \le r < R$, 복소 함수 f가 폐원환 $\overline{A} = \{z\in\mathbf{C} : r \le |z-z_0| \le R\}$에서 해석적인 함수이면, 개원환 $A = \{z\in\mathbf{C} : r < |z-z_0| < R\}$에서 수렴하는 f의 유일한 Laurent 급

수가 존재한다 : $f(z)= \sum_{n=-\infty}^{\infty} a_n (z-z_0)^n$.

증명) 평행이동하여 $z_0=0$로 놓으면, 원 C_R : $|z|=R$과 원 C_r : $|z|=r$, 개원환 $\{z : r<|z|<R\}$ 내부의 임의의 점 z에 대하여, Cauchy 적분공식을 적용하면,

$$f(z)=\frac{1}{2\pi i}\int_{C_R}\frac{f(w)}{w-z}dw-\frac{1}{2\pi i}\int_{C_r}\frac{f(w)}{w-z}dw$$

$$=\frac{1}{2\pi i}\int_{C_1}\frac{f(w)}{w-z}dw+\frac{1}{2\pi i}\int_{C_2}\frac{f(w)}{w-z}dw$$

여기서, C_1은 0 윗부분의 반시계 방향의 단순 폐곡선이고 C_2는 0 아랫부분의 시계 방향의 단순폐곡선이다.

(이는 도함수에 관한 Cauchy 적분공식과 Cauchy-Goursat의 정리를 적용한 결과이다.)

(1) w가 C_1 위에 있으면, $|w|=R$이고, $\left|\frac{z}{w}\right|<1$이다.

따라서 $\frac{1}{w-z}=\frac{1}{w}\frac{1}{1-z/w}=\sum_{n=0}^{\infty}\frac{z^n}{w^{n+1}}$,

$$\frac{1}{2\pi i}\int_{C_1}\frac{f(w)}{w-z}dw=\sum_{n=0}^{\infty}\left(\frac{1}{2\pi i}\int_{C_1}\frac{f(w)}{w^{n+1}}dw\right)z^n=\sum_{n=0}^{\infty}a_n z^n.$$

(2) w가 C_2 위에 있으면, $|w|=r$이고, $\left|\frac{w}{z}\right|<1$이다.

따라서 $\frac{1}{w-z}=-\frac{1}{z}\frac{1}{1-w/z}=-\sum_{n=0}^{\infty}\frac{w^n}{z^{n+1}}$,

$$\frac{1}{2\pi i}\int_{C_2}\frac{f(w)}{w-z}dw=\sum_{n=0}^{\infty}\left(\frac{-1}{2\pi i}\int_{C_2}f(w)w^n dw\right)z^{-(n+1)}=\sum_{n=-\infty}^{-1}a_n z^n.$$

그러므로 (1)과 (2)로부터, $f(z)=\sum_{n=-\infty}^{\infty}a_n z^n$ 이다.

(3) 폐원환 $\{z\in \mathbf{C} : r\le|z|\le R\}$에서 균등수렴하는 두 Laurent 급수에 대하여,

$\sum_{n=-\infty}^{\infty}a_n z^n=\sum_{n=-\infty}^{\infty}b_n z^n$ 임을 보여주면, Laurent 급수의 유일성이 증명된다.

이제 두 급수를 각각 C_R에 관하여 적분하고, 균등수렴성을 이용하면,

(*) : $\sum_{n=-\infty}^{\infty}a_n\int_{C_R}z^n dz=\sum_{n=-\infty}^{\infty}b_n\int_{C_R}z^n dz$ 이다.

그런데 z^{-1}을 제외하고, 함수 z^n들은 C_R에서 모두 원시함수들 $\frac{z^{n+1}}{n+1}$을 갖고,

단순폐곡선 C_R 에서의 선적분은 모두 0이므로, $a_{-1}\int_{C_R}\frac{dz}{z}=b_{-1}\int_{C_R}\frac{dz}{z}$ 만 남는다.

그런데, Cauchy 적분공식에 의하여, $\int_{C_R}\frac{dz}{z}=2\pi i\neq 0$ 이므로, $a_{-1}=b_{-1}$ 이다.

식 (*)의 양변에 z를 곱하면, 위와 같은 절차를 거치면, $a_{-2}=b_{-2}$ 이다

위와 같은 방법을 연속적으로 적용하면, $a_n=b_n \quad -\infty\leq n\leq\infty$ 를 얻을 수 있다.

예제 5.2

(1) 개원환 $\{z : 1<|z|<\infty\}$ 에서 $z_0=0$ 에서의 $1/(1-z)$ 의 Laurent 급수를 구하라.

풀이) $\left|\frac{1}{z}\right|<1$ 이므로, $\frac{1}{1-z}=\frac{-1}{z-1}=\frac{-1}{z}\frac{1}{1-1/z}=-\sum_{n=0}^{\infty}\frac{1}{z^{n+1}}$ 이다.

(2) $e^z=\sum_{n=0}^{\infty}\frac{z^n}{n!}$ 이므로, z 대신에 $1/z$ 을 대입하면, $e^{1/z}=\sum_{n=0}^{\infty}\frac{1}{n!}\frac{1}{z^n}=1+\frac{1}{z}+\frac{1}{2!z^2}+\cdots$

이다.

예제 5.3

다음 영역에서 $f(z)=\frac{2z}{z^2-1}$ 의 Laurent 급수를 구하라.

(1) $0<|z-1|<2$

풀이) $\left|\frac{z-1}{2}\right|<1$ 이므로

$$f(z)=\frac{2z}{z^2-1}=\frac{1}{z-1}+\frac{1}{z+1}=\frac{1}{z-1}+\frac{\frac{1}{2}}{1+\frac{z-1}{2}}=\frac{1}{z-1}+\frac{\frac{1}{2}}{1-\left(\frac{1-z}{2}\right)}$$

$$=\frac{1}{z-1}+\frac{1}{2}\sum_{n=0}^{\infty}\left(\frac{1-z}{2}\right)^n=\frac{1}{z-1}+\sum_{n=0}^{\infty}(-1)^n\frac{1}{2^{n+1}}(z-1)^n,\quad 0<|z-1|<2 \text{ 이다.}$$

(2) $2 < |z-1|$

풀이) $\left|\frac{2}{z-1}\right| < 1$ 이다. 따라서

$$\frac{1}{z+1} = \frac{1}{(z-1)+2} = \frac{\frac{1}{z-1}}{1+\frac{2}{z-1}} = \frac{1}{1-\left(-\frac{2}{z-1}\right)} \cdot \frac{1}{z-1}$$

$$= \frac{1}{z-1}\sum_{n=0}^{\infty}\left(-\frac{2}{z-1}\right)^n = \sum_{n=0}^{\infty}\frac{(-1)^n 2^n}{(z-1)^n} \text{ 이므로}$$

$$f(z) = \frac{1}{z-1} + \frac{1}{z+1} = \frac{1}{z-1} + \sum_{n=0}^{\infty}\frac{(-1)^n 2^n}{(z-1)^n}, \quad 2 < |z-1| \text{ 이다.}$$

(3) $1 < |z|$

풀이) $\left|\frac{1}{z}\right| < 1$ 이므로

$$\frac{1}{z-1} = \frac{1}{1-\frac{1}{z}} \cdot \frac{1}{z} = \frac{1}{z}\sum_{n=0}^{\infty}\left(\frac{1}{z}\right)^n = \sum_{n=0}^{\infty}\left(\frac{1}{z}\right)^{n+1}$$

$$\frac{1}{z+1} = \frac{1}{1-\left(-\frac{1}{z}\right)} \cdot \frac{1}{z} = \frac{1}{z}\sum_{n=0}^{\infty}\left(-\frac{1}{z}\right)^n = \sum_{n=0}^{\infty}(-1)^n\left(\frac{1}{z}\right)^{n+1} \text{ 이다. 따라서}$$

$$f(z) = \frac{1}{z-1} + \frac{1}{z+1} = \sum_{n=0}^{\infty}\frac{1+(-1)^n}{z^{n+1}} = \sum_{n=0}^{\infty}\frac{2}{z^{2n+1}}, \quad |z| > 1 \text{ 이다.}$$

예제 5.4

$\frac{\sin z}{z}$ 와 $e^{\frac{1}{z}}$ 의 Laurent 급수를 구하라.

(i) $\sin z$ 는 해석적인 함수로서 멱급수 전개 가능하다. 따라서

$$\sin z = \sum_{n=0}^{\infty}\frac{(-1)^n}{(2n+1)!}z^{2n+1} = z - \frac{z^3}{3!} + \frac{z^5}{5!} - \cdots, \ z \in \mathbf{C} \text{ 이다. 따라서 } z=0 \text{ 이 아니면}$$

즉, $|z|>0$ 이면 $\dfrac{\sin z}{z}=\sum_{n=0}^{\infty}\dfrac{(-1)^n}{(2n+1)!}z^{2n}=1-\dfrac{z^2}{3!}+\dfrac{z^4}{5!}-\cdots$, $|z|>0$ 이다.

(ii) 마찬가지로

$$e^{\frac{1}{z}}=\sum_{n=0}^{\infty}\frac{1}{n!}\left(\frac{1}{z}\right)^n=1+\frac{1}{z}+\frac{1}{2!z^2}+\cdots,\ |z|>0 \text{ 이다.}$$

정리 5.7 [Riemann 정리]

해석함수 f가 $z=z_0$에서 고립특이점을 갖고, f의 Laurent 급수가 주어져 있을 때, 다음은 동치이다.

(가) z_0가 f의 제거가능 특이점이다.

즉, 각 $n=-1,\ -2,\ \cdots$ 에 대하여 $a_n=0$이다.

(나) 함수 f는 z_0의 적당한 근방에서 유계이다.

(다) $\lim_{z\to z_0}(z-z_0)f(z)=0$ 이다.

증명) (가) ⇒ (나) ⇒ (다)는 당연하므로, (다) ⇒ (가)를 보이자.

이를 위해 함수 $g,\ h$를 정의하자.

$$g(z)=\begin{cases}(z-z_0)f(z), & z\neq z_0\\ 0, & z=z_0\end{cases},\quad h(z)=(z-z_0)g(z)$$

그러면 $h'(z)=\lim_{z\to z_0}\dfrac{h(z)-h(z_0)}{z-z_0}=\lim_{z\to z_0}g(z)=0$ 이므로 h는 z_0에서 해석적이다. 그런데 $h(z_0)=h'(z_0)=0$이므로 h는 z_0에서 이중근을 갖는다. 따라서 h의 z_0의 근방에서 멱급수전개 $h(z)=b_2(z-z_0)^2+b_3(z-z_0)^3+\cdots+b_n(z-z_0)^n+\cdots$ 를 가진다.

따라서 $g(z)=\dfrac{h(z)}{z-z_0}=b_2(z-z_0)+b_3(z-z_0)^2+\cdots$

$$f(z)=\frac{g(z)}{z-z_0}=b_2+b_3(z-z_0)+\cdots$$

따라서 $f(z_0)=b_2$로 정의하면 f는 해석함수이고 z_0는 f의 제거가능특이점이다.

정의 5.4

(1) f가 $z=z_0$에서 n-중극(pole of order n at $z=z_0$)을 가진다.

$$\Leftrightarrow f(z)=\frac{a_{-n}}{(z-z_0)^n}+\frac{a_{-n-1}}{(z-z_0)^{n-1}}+\cdots+\frac{a_{-1}}{z-z_0}+\sum_{n=0}^{\infty}a_n(z-z_0)^n,\ a_{-n}\neq 0$$

(2) f가 $z=z_0$에서 해석적이다.

$\Leftrightarrow a_n=\dfrac{f^{(n)}(z_0)}{n!}$로 정의되는 f의 Taylor 급수가 존재한다.

즉, $f(z)=\sum_{n=0}^{\infty}a_n(z-z_0)^n=\sum_{n=0}^{\infty}\dfrac{f^{(n)}(z_0)}{n!}(z-z_0)^n$이다.

(3) f가 $z=z_0$에서 n-중근(zero of order n at $z=z_0$)을 가진다.

$\Leftrightarrow f(z)=a_n(z-z_0)^n+a_{n+1}(z-z_0)^{n+1}+\cdots,\ a_n\neq 0$

즉, f는 $z=z_0$에서 해석적이어서 Taylor 급수가 존재하지만

$f(z_0)=f'(z_0)=\cdots=f^{(n-1)}(z_0)=0$이지만 $f^{(n)}(z_0)\neq 0$이다.

정리 5.8

(1) 함수 f가 $z=z_0$에서 n-중극을 갖는다.

$\Leftrightarrow g(z_0)\neq 0$인 해석적인 함수 g가 존재하여 $f(z)=\dfrac{g(z)}{(z-z_0)^n}$이다.

(2) 함수 f가 $z=z_0$에서 n-중근을 갖는다.

$\Leftrightarrow g(z_0)\neq 0$인 해석적인 함수 g가 존재하여 $f(z)=(z-z_0)^n g(z)$이다.

증명) (1) f가 $z=z_0$에서 n-중극을 가진다.

$$\Leftrightarrow f(z)=\frac{a_{-n}}{(z-z_0)^n}+\frac{a_{-n-1}}{(z-z_0)^{n-1}}+\cdots+\frac{a_{-1}}{z-z_0}+\sum_{n=0}^{\infty}a_n(z-z_0)^n,\ a_{-n}\neq 0$$

$$=\frac{1}{(z-z_0)^n}\{a_{-n}+a_{-n-1}(z-z_0)+\cdots+a_{-1}(z-z_0)^{n-1}+\cdots\},\ a_{-n}\neq 0$$

$\Leftrightarrow g(z)=a_{-n}+a_{-n-1}(z-z_0)+\cdots+a_{-1}(z-z_0)^{n-1}+\cdots$ 로 놓으면 g는 Taylor 급수 전개가능 하므로 해석함수이고 $g(z_0)=a_{-n}\neq 0$이다.

또한 $f(z)=\dfrac{g(z)}{(z-z_0)^n}$ 이다.

(2) f가 $z=z_0$ 에서 n-중근을 가진다.

$\Leftrightarrow f(z)=a_n(z-z_0)^n+a_{n+1}(z-z_0)^{n+1}+\cdots$, $a_n\neq 0$

$=(z-z_0)^n\{a_n+a_{n+1}(z-z_0)+\cdots\}$, $a_n\neq 0$

$\Leftrightarrow g(z)$를 $a_n+a_{n+1}(z-z_0)+\cdots$ 로 놓으면 g는 Taylor 급수 전개가능하므로 해석함수이고 $g(z_0)=a_{-n}\neq 0$ 이다.

또한 $f(z)=(z-z_0)^n g(z)$ 이다.

정리 5.9

복소 함수 f가 $z=z_0$ 에서 n-중극을 가질 때, f의 $z=z_0$ 에서의 유수(Residue)를 $\text{Res}(f, z_0)$ 라 하면 $\text{Res}(f, z_0)=\dfrac{1}{(n-1)!}\lim\limits_{z\to z_0}\dfrac{d^{n-1}}{dz^{n-1}}\{(z-z_0)^n f(z)\}$ 이다.

증명) f가 $z=z_0$ 에서 n-중극을 가지면

$$f(z)=\frac{g(z)}{(z-z_0)^n},\ g(z_0)\neq 0,\ g : \text{해석함수}$$

$$\Rightarrow (z-z_0)^n f(z)=g(z)=b_0+b_1(z-z_0)+\cdots+b_n(z-z_0)^n+\cdots$$

$$\Rightarrow \frac{d}{dz}\{(z-z_0)^n f(z)\}=b_1+2b_2(z-z_0)+\cdots$$

$$\Rightarrow \frac{d^2}{dz^2}\{(z-z_0)^n f(z)\}=2b_2+3\cdot 2b_3(z-z_0)+\cdots$$

$$\cdots\Rightarrow \frac{d^{n-1}}{dz^{n-1}}\{(z-z_0)^n f(z)\}=(n-1)!b_{n-1}+n!b_n(z-z_0)+\cdots$$

따라서 $\lim\limits_{z\to z_0}\dfrac{d^{n-1}}{dz^{n-1}}\{(z-z_0)^n f(z)\}=(n-1)!b_{n-1}$ 이므로

$$\therefore b_{n-1}=\frac{1}{(n-1)!}\lim_{z\to z_0}\frac{d^{n-1}}{dz^{n-1}}\{(z-z_0)^n f(z)\} \text{ 이다.}$$

그런데 $f(z)=\dfrac{b_0}{(z-z_0)^n}+\dfrac{b_1}{(z-z_0)^{n-1}}+\cdots+\dfrac{b_{n-1}}{z-z_0}+b_n+\cdots$ 이므로

$$\text{Res}(f, z_0)=b_{n-1}=\frac{1}{(n-1)!}\lim_{z\to z_0}\frac{d^{n-1}}{dz^{n-1}}\{(z-z_0)^n f(z)\} \text{ 이다.}$$

정리 5.10

z_0가 함수 f의 극(pole)이면 $\lim_{z \to z_0} f(z) = +\infty$이다.

증명) 무한원점의 원리에 의해 $\lim_{z \to z_0} \frac{1}{f(z)} = 0$임을 보이면 충분하다.

f가 $z = z_0$에서 n-중극을 가지면 $f(z) = \frac{g(z)}{(z-z_0)^n}$, g : 해석함수, $g(z_0) \neq 0$이다. 따라서 $\lim_{z \to z_0} \frac{1}{f(z)} = \lim_{z \to z_0} \frac{(z-z_0)^n}{g(z)} = \frac{0}{g(z_0)} = 0$이다.

정리 5.11

유리함수 $f(z) = \frac{p(z)}{q(z)}$에 대하여, $p(z_0) \neq 0, q(z_0) = 0, q'(z_0) \neq 0$이면 f가 $z = z_0$에서 단순극(simple pole=pole of order 1)을 가지고, $\mathrm{Res}(f,\ z_0) = \frac{p(z_0)}{q'(z_0)}$이다.

정리 5.12

해석함수 f가 $z = z_0$에서 고립특이점을 가질 때 f가 $z = z_0$에서 n-중극을 가질 필요충분 조건은 $\lim_{z \to z_0} (z-z_0)^n f(z) = A\ (A \neq 0,\ \infty)$이다.

증명) f가 $z = z_0$에서 n-중극을 갖는다.

$$\Leftrightarrow f(z) = \frac{a_{-n}}{(z-z_0)^n} + \frac{a_{-n-1}}{(z-z_0)^{n-1}} + \cdots + \frac{a_{-1}}{z-z_0} + \sum_{n=0}^{\infty} a_n (z-z_0)^n,\ a_{-n} \neq 0$$

$$\Leftrightarrow (z-z_0)^n f(z) = a_{-n} + a_{-n-1}(z-z_0) + \cdots,\ a_{-n} \neq 0$$

$$\Leftrightarrow \lim_{z \to z_0} (z-z)^n f(z) = a_{-n} = A(A \neq 0,\ \infty)$$

예제 5.5

다음 선적분 값을 구하라.

(1) $\displaystyle\int_{C:|z-1|=1} \frac{2z\,dz}{z^2-1}$

풀이) $f(z)=\dfrac{p(z)}{q(z)}=\dfrac{2z}{z^2-1}$ 라 놓으면 f는 주어진 영역의 $z=1$ 에서 고립특이점을 가진다.

p, q는 $z=1$ 에서 해석적이고 $p(1)=2\neq 0,\ q(1)=0,\ q'(1)=2\neq 0$ 이므로 $\mathrm{Res}(f,\ 1)=\dfrac{p(1)}{q'(1)}=\dfrac{2}{2}=1$ 이다. 그러므로 $\displaystyle\int_{C:|z-1|=1} \frac{2z}{z^2-1}dz=2\pi i\cdot \mathrm{Res}(f,\ 1)=2\pi i$ 이다.

(2) $\displaystyle\int_{C:|z-1|=3} \frac{2z\,dz}{z^2-1}=2\pi i\{\mathrm{Res}(f,\ 1)+\mathrm{Res}(f,\ -1)\}=2\pi i(1+1)=4\pi i$

5.3 유수정리(Residue Theorem)와 편각원리 (Argument Principle)

예제 5.6

(1) $\mathrm{Res}\left(\dfrac{2z}{z^2-1},\ 1\right)=1$

(2) $\mathrm{Res}\left(\dfrac{\sin z}{z},\ 0\right)=0\ \ \left(\because \dfrac{\sin z}{z}=1-\dfrac{1}{3!}z^2+\dfrac{1}{5!}z^4-\cdots\right)$

(3) $\mathrm{Res}\left(e^{\frac{1}{z}},\ 0\right)=1\ \ \left(\because e^{\frac{1}{z}}=1+\dfrac{1}{z}+\dfrac{1}{2!}\cdot\dfrac{1}{z^2}+\cdots\right)$

(4) $\text{Res}\left(\frac{1}{\sin z},\ 0\right) = 1$ ($\because$ $p(0) = 1,\ q'(0) = 1$)

예제 5.7

$\int_{C:|z-1|=1} \frac{z^4 + z^3 + 5}{(z-1)^3} dz$, $f(z) = \frac{z^4 + z^3 + 5}{(z-1)^3}$ 이 $z = 1$ 에서 3-중극을 가지므로

$\text{Res}(f,\ 1) = \frac{1}{2!} \lim_{z \to 1} \frac{d^2}{dz^2} \{(z-1)^3 f(z)\} = \frac{1}{2!} \lim_{z \to 1} (12z^2 + 6z) = 9$ 이다. 따라서

$\int_{C:|z-1|=1} \frac{z^4 + z^3 + 5}{(z-1)^3} dz = 2\pi i \cdot \text{Res}(f,\ 1) = 2\pi i \cdot 9 = 18\pi i$ 이다.

정리 5.13 [Cauchy의 유수정리]

f가 고립특이점 $z_1,\ z_2,\ \cdots,\ z_n$ 을 제외한 영역 D에서 해석적일 때 $\int_C f(z)dz = 2\pi i \sum_{k=1}^{n} \text{Res}(f,\ z_k)$ 이다.

증명) $z_1,\ z_2,\ \cdots,\ z_n$ 을 감싸는 서로 겹치지 않는 단순폐곡선 $C_1,\ C_2,\ \cdots,\ C_n$ 을 생각하면, 확장된 Cauchy-Goursat 정리에 의해서 $\int_{C - \sum_{k=1}^{n} C_k} f(z)dz = 0$ 이다. 즉

$$\begin{aligned} \int_C f(z)dz &= \sum_{i=1}^{n} \int_{C_i} f(z)dz \\ &= \sum_{k=1}^{n} 2\pi i\, \text{Res}(f,\ z_k) \\ &= 2\pi i \sum_{k=1}^{n} \text{Res}(f,\ z_k) \end{aligned}$$

예제 5.8

$f(z) = \frac{z+1}{z^2(z-2)}$ 의 고립특이점은 $z_1 = 0,\ z_2 = 2$ 이다.

(1) $z_1 = 0$ 에서의 유수

$$\text{Res}(f,\ 0) = \frac{1}{(2-1)!}\lim_{z \to 0}\frac{d}{dz}\{z^2 f(z)\} = \lim_{z \to 0}\frac{d}{dz}\left(\frac{z+1}{z-2}\right) = \lim_{z \to 0}\frac{-3}{(z-2)^2} = -\frac{3}{4}$$

(2) $z_2 = 2$ 에서의 유수

$$\text{Res}(f,\ 2) = \frac{p(2)}{q'(2)} = \frac{3}{4}$$

따라서 $\displaystyle\int_{C:|z|=3}\frac{z+1}{z^2(z-2)}dz = 2\pi i\left(\frac{-3}{4}+\frac{3}{4}\right) = 0$ 이다.

예제 5.9

적분값 $\displaystyle\int_{C:|z|=1}\frac{1}{z(e^z-1)}dz$

$$z(e^z-1) = z(z+\frac{z^2}{2!}+\frac{z^3}{3!}+\cdots)$$

$$= z^2(1+\frac{z}{2!}+\frac{z^2}{3!}+\cdots)$$

이므로 $\dfrac{1}{z(e^z-1)}$ 은 $z=0$ 에서 이중극을 갖는다.

따라서 $\displaystyle\text{Res}\left(\frac{1}{z(e^z-1)},\ 0\right) = \frac{1}{(2-1)!}\lim_{z \to z_0}\frac{d}{dz}\left\{\frac{z}{e^z-1}\right\} = -\frac{1}{2}$

$$\int_{C:|z|=1}\frac{1}{z(e^z-1)}dz = 2\pi i \cdot \frac{-1}{2} = -\pi i$$

□ **참고 5.3** □

(1) $\sin z = 0 \Leftrightarrow z = n\pi,\ n \in \mathbf{Z}$

(2) $\cos z = 0 \Leftrightarrow z = n\pi + \dfrac{\pi}{2},\ n \in \mathbf{Z}$

(3) $\sinh z = 0 \Leftrightarrow z = n\pi i,\ n \in \mathbf{Z}$

(4) $\cosh z = 0 \Leftrightarrow z = \left(n\pi + \dfrac{\pi}{2}\right)i,\ n \in \mathbf{Z}$

정의 5.5

곡선 C의 매개방정식 : $z(t) = z_0 + re^{it},\ 0 \le t \le 2n\pi$

$\frac{1}{2\pi i}\int_C \frac{1}{z-z_0}dz = I(C,\ z_0) = n \in \mathbf{Z}$: z_0를 휘감는 곡선 C의 회전수(winding number)

정리 5.14 [편각의 원리]

$D \subset \mathbf{C}$, f가 고립특이점을제외한 D에서 해석함수이고, D 안의 양의 방향의 단순폐곡선 C

$\forall z \in C,\ f(z) \neq 0,\ f(z) \neq \infty \Rightarrow \int_C \frac{f'(z)}{f(z)}dz = \int_C d(\log f(z)) = 2\pi i(N-P)$,

여기서, N : C 내부의 근의 개수, P : C내부의 극의 개수

증명) z_0가 f의 n-중근이면, 즉 $f(z_0) = f'(z_0) = \cdots = f^{(n-1)}(z_0) = 0$이지만 $f^{(n)}(z_0) \neq 0$,

$f(z) = (z-z_0)^n g(z)$, g : z_0 근방에서 해석적, $g(z_0) \neq 0$이다.

$f'(z) = n(z-z_0)^{n-1}g(z) + (z-z_0)^n g'(z)$이므로 $\frac{f'(z)}{f(z)} = \frac{n}{z-z_0} + \frac{g'(z)}{g(z)}$

$\Rightarrow \mathrm{Res}\left(\frac{f'}{f},\ z_0\right) = n = N \cdots (*)$

한편 z_0가 f의 m-중극이면, $f(z) = \frac{g(z)}{(z-z_0)^m}$이므로

$f'(z) = -m(z-z_0)^{-m-1}g(z) + (z-z_0)^{-m}g'(z)$

$\Rightarrow \frac{f'(z)}{f(z)} = \frac{-m}{z-z_0} + \frac{g'(z)}{g(z)}$

$\Rightarrow \mathrm{Res}\left(\frac{f'}{f},\ z_0\right) = -m = -P \cdots (**)$

따라서 (*)과 (**)로부터 유수정리에 의해 $\int_c \frac{f'(z)}{f(z)}dz = 2\pi i \mathrm{Res}(\frac{f'}{f},\ z_0) = 2\pi i(N-P)$

□ **참고 5.4** □

$\log(f(z)) = \log|f(z)| + i\arg f(z)$이므로, $\int_C \frac{f'(z)}{f(z)}dz = \int_C [\log(f(z))]'dz$는 z가 곡선 C를

따라 움직일 때, $\arg(f(z))$의 변화율을 측정하는 것으로, 편각의 원리(Argument principle)라고 말한다.

정리 5.15 [Rouche의 정리]

① 함수 f와 g가 영역 D에서 해석적이고 C가 D 안에 양의방향의 단순폐곡선일 때
② $\forall z \in C \quad |g(z)| < |f(z)|$
$\Rightarrow$ C 내부에서 ($f+g$의 근의 개수) = (f의 근의 개수)

증명) 곡선 C의 매개화 $\alpha : [a, b] \to D$

z_0를 C 내부의 점이라고 하면 (f의 근의 개수) $= I(f \circ \alpha, z_0) = \frac{1}{2\pi i}\int \frac{f'(z)}{f(z)}dz$

주장(claim) : $I((f+g) \circ \alpha, z_0) = I(f \circ \alpha, z_0)$

$\because \ ((f+g) \circ \alpha)(t) = (f \circ \alpha)(t)\left[1 + \frac{(g \circ \alpha)(t)}{(f \circ \alpha)(t)}\right]$

$$= (f \circ \alpha)(t)\beta(t),\ \beta(t) = 1 + \frac{(g \circ \alpha)(t)}{(f \circ \alpha)(t)}$$

$I((f+g) \circ \alpha, z_0) = I(f \circ \alpha, z_0) + I(\beta, z_0)$ ($\because \arg z_1 z_2 = \arg z_1 + \arg z_2$)

$= I(f \circ \alpha, z_0)$ ($\because \beta$는 D 안의 폐곡선이므로 회전수 $I(\beta, z_0) = 0$)

따라서 ($f+g$의 근의 개수) = (f의 근의 개수)이다.

□ 참고 5.5 □

$p_n(z) = a_0 + a_1 z + \cdots + a_n z^n$,$a_n \neq 0$, $|z| > 1$이면

$$\left|\frac{p_{n-1}(z)}{a_n z^n}\right| = \left|\frac{a_0 + a_1 z + \cdots + a_{n-1} z^{n-1}}{a_n z^n}\right| \le \frac{1}{|a_n||z|^n}\{|a_0| + |a_1| + \cdots + |a_{n-1}|\}|z|^{n-1}$$

$$= \frac{1}{|a_n||z|}\{|a_0| + |a_1| + \cdots + |a_{n-1}|\}$$

$R = \max\left\{1, \frac{1}{|a_n|}\{|a_0| + |a_1| + \cdots + |a_{n-1}|\}\right\}$ 로 놓으면

$\forall \epsilon > 0$, $|z| = R + \epsilon \Rightarrow |a_n z^n - p_n(z)| < |p_{n-1}(z)| < |a_n z^n|$이다. Rouche의 정리에 의해 $p_n(z)$는 원 $|z| = R + \epsilon$ 내부에서 $a_n z^n$과 같은 n개의 근을 갖는다(대수학의 기본정리의 또 다른 증명방법).

예제 5.10

$p(z)=z^5+6z^3+2z+10$ 은 영역 $1<|z|<3$ 에서 몇 개의 근을 갖는가?

(a) $C: |z|=1$ 에서 $g(z)=z^5+6z^3+2z,\ f(z)=10$ 라 놓으면, $|g(z)|=|z^5+6z^3+2z| \leq |z|^5+6|z^3|+2|z|=1+6+2=9<|f(z)|=10,\ \forall z\in C: |z|=1$ 이다. f, g 는 해석함수이므로 Rouche의 정리에 의해서 $f+g$ 와 f 는 $|z|<1$ 에서 같은 수의 근을 갖는다. 그런데 $f(z)=10$ 은 $|z|<1$ 에서 근을 갖지 않으므로 $p(z)=z^5+6z^3+2z+10$ 은 $|z|<1$ 에서 근을 갖지 않는다.

(b) $C: |z|=3,\ g(z)=6z^3+2z+10,\ f(z)=z^5$ 이라고 놓으면 $|g(z)|=|6z^3+2z+10| \leq 6|z^3|+2|z|+10=6\times 27+2\times 3+10=178<|f(z)|=|z|^5=243,\ \forall z\in C: |z|=3$ 이다. f, g 는 해석함수이므로 Rouche의 정리에 의해서 $f+g$ 와 f는 $|z|<3$ 에서 같은 수의 근을 갖는다. 그런데 $f(z)=z^5$ 은 $|z|<3$ 에서 5개의 근을 가지므로 $p(z)=z^5+6z^3+2z+10$ 은 $|z|<3$ 에서 5개의 근을 가진다. 그런데, $|z|=1$ 일 때, $|p(z)| \geq |10-|z^5+6z^3+2z|| \geq |10-9|=1\neq 0$ 이므로 $p(z)$ 는 $|z|=1$ 에서 근을 갖지 않는다.

따라서 (a), (b)에 의해 $p(z)=z^5+6z^3+2z+10$ 는 $1<|z|<3$ 에서 기껏해야 5개의 근을 가진다.

5.4 실적분의 계산

예제 5.11

$$\int_{-\infty}^{\infty}\frac{1}{1+x^2}dx=\lim_{R\to\infty}\int_{-R}^{R}\frac{1}{1+x^2}dx=\lim_{R\to\infty}[\mathrm{Tan}^{-1}x]_{-R}^{R}=\frac{\pi}{2}-\left(-\frac{\pi}{2}\right)=\pi$$

$$\int_{-\infty}^{\infty} \frac{1}{1+x^4} dx = ?$$

① $f(z) = \frac{1}{1+z^4} \to z^4 = -1 \to z = e^{i\left(\frac{\pi + 2k\pi}{4}\right)}$, $k = 0, 1, 2, 3$, $C = L_R + C_R$

② $\int_C f(z)dz = \int_{L_R} f(x)dx + \int_{C_R} f(z)dz$

③ Cauchy ML부등식에 의하여 $\left|\int_{C_R} f(z)dz\right| \le \int_{C_R} |f(z)||dz| \le ML$, $\lim_{R\to\infty} \int_{C_R} f(z)dz = 0$

$\lim_{R\to\infty} \int_{C_R} f(x)dx = \int_c f(z)dz = 2\pi i \sum_k \{Res(f, z_k)\}$, z_k : 상반반원 내에 있는 고립특이점

$z_0 = e^{i\frac{\pi}{4}} = \cos\frac{\pi}{4} + i\sin\frac{\pi}{4} = \frac{1}{\sqrt{2}} + i\frac{1}{\sqrt{2}}$, $z_1 = e^{i\frac{3}{4}\pi} = -\frac{1}{\sqrt{2}} + i\frac{1}{\sqrt{2}}$

이 상반반원 내에 있는 고립특이점이므로

$$\left|\int_{C_R} f(z)dz\right| \le \int_{C_R} |f(z)||dz| \le \frac{1}{||z|^4 - 1|}\pi R = \frac{\pi R}{|R^4 - 1|} \to 0 \text{ as } R \to \infty$$

$$\int_{-\infty}^{\infty} \frac{1}{1+x^4} dx = \int_C \frac{1}{1+z^4} dz = 2\pi i\{Res(f, z_0) + Res(f, z_1)\}$$

$$= 2\pi i\left(\frac{1}{4e^{i\frac{1}{4}\pi \times 3}} + \frac{1}{4e^{i\frac{3}{4}\pi \times 3}}\right) = \frac{1}{2}\pi i\left(e^{-i\frac{3}{4}\pi} + e^{-i\frac{1}{4}\pi}\right)$$

$$= \frac{1}{2}\pi i\left(-\frac{1}{\sqrt{2}} - \frac{1}{\sqrt{2}}i + \frac{1}{\sqrt{2}} - \frac{1}{\sqrt{2}}i\right) = \frac{\pi}{\sqrt{2}}$$

예제 5.12

$$\int_0^{\infty} \frac{\sin x}{x} dx = \frac{\pi}{2}$$

① $\frac{e^{iz}}{z}$, z가 실축 위에 있으면 $\frac{e^{ix}}{x} = \frac{1}{x}(\cos x + i\sin x)$의 허수부분 $\frac{\sin x}{x}$

② $0 = \int_C \frac{e^{iz}}{z} dz = \int_{C_R} \frac{e^{iz}}{z} dz + \int_{C_r} \frac{e^{iz}}{z} dz + \int_r^R \frac{e^{ix}}{x} dx + \int_{-R}^{r} \frac{e^{ix}}{x} dx$

③ $\int_r^R \frac{e^{ix}}{x}dx + \int_{-R}^{r} \frac{e^{ix}}{x}dx = \int_r^R \left(\frac{e^{ix}}{x} - \frac{e^{-ix}}{x}\right)dx = 2i\int_r^R \frac{1}{x}\sin x dx$

④ $\lim_{R\to\infty}\int_{C_R}\frac{e^{iz}}{z}dz = 0$

$\left(\because \left|\int_{C_R}\frac{e^{iz}}{z}dz\right| \le \int_{C_R}\left|\frac{e^{iz}}{z}\right||dz| = \frac{e^{-R\sin\theta}}{R}\pi R = \pi e^{-R\sin\theta} \to 0 \text{ as } R\to\infty\right)$

⑤ 일반적으로 f가 $z=0$에서 단순극을 가질 때 $\lim_{r\to 0}\int_{C_r} f(z)dz = -\pi i \mathrm{Res}(f,\ 0)$

$f(z) = \frac{\mathrm{Res}(f,\ 0)}{z-0} + g(z),\ g(z) = \sum_{n=0}^{\infty}\frac{g^{(n)}(0)}{n!}z^n$

0 근방에서 $\exists M>0$ s.t $|g(z)| \le M$, $\exists \delta > 0$, $|z| < \delta$

$\left|\int_{C_r} g(z)dz\right| \le \int_{C_r}|g(z)||dz| \le M\pi r$

$\lim_{r\to 0}\int_{C_r} f(z)dz = \lim_{r\to 0}\int_{C_r}\left\{\frac{\mathrm{Res}(f,0)}{z} + g(z)\right\}dz = \mathrm{Res}(f,0)\int_{C_r}\frac{1}{z}dz + \lim_{r\to 0}\int_{C_r} g(z)dz$

$$= \mathrm{Res}(f,\ 0)\int_{\pi}^{0}\frac{ire^{i\theta}}{re^{i\theta}}d\theta = -\pi i\mathrm{Res}(f,\ 0)$$

즉, $\lim_{r\to 0}\int_{C_r}\frac{e^{iz}}{z}dz = -i\pi \mathrm{Res}\left(\frac{e^{iz}}{z},\ 0\right) = -i\pi$

$\left(\because p(z) = e^{iz},\ q(z) = z \to \mathrm{Res}\left(\frac{p(z)}{q(z)},\ 0\right) = 1\right)$

따라서, $0 = 2i\int_0^{\infty}\frac{\sin x}{x}dx - \pi i$ 이므로 $\int_0^{\infty}\frac{\sin x}{x}dx = \frac{\pi}{2}$ 이다.

□ 참고 5.6 □

$\int_{-\pi}^{\pi} Q(\cos\theta,\ \sin\theta)d\theta = \int_{C:|z|=1} Q\left(\frac{z+\bar{z}}{2},\ \frac{z-\bar{z}}{2i}\right)\frac{1}{iz}dz$

$z = e^{i\theta} = \cos\theta + i\sin\theta,\ \bar{z} = e^{-i\theta} = \cos\theta - i\sin\theta,\ d\theta = \frac{1}{iz}dz$

예제 5.13

$$\int_{-\pi}^{\pi}\frac{d\theta}{a+b\cos\theta}=\int_{C:|z|=1}\frac{1}{a+b\left(\dfrac{z+\dfrac{1}{z}}{2}\right)}\frac{1}{iz}dz$$

$$=\int_{C:|z|=1}\frac{-2i}{bz^2+2az+b}dz$$

$a+b\cos\theta\neq 0 \Rightarrow |a+b\cos\theta|>0 \Rightarrow 0<||a|-|b||\leq ||a|-|b\cos\theta||\leq |a+b\cos\theta|$

즉, $|a|>|b|$ 일 경우 생각

$bz^2+2az+b=0$

$z=\dfrac{-a\pm\sqrt{a^2-b^2}}{b}$, $z_1=\dfrac{-a+\sqrt{a^2-b^2}}{b}$ 인 경우만 단위원 안에 놓인다.

$a>|b|>0$

① $|z_2|>1$ ($\because$ $|z_2|=\left|\dfrac{-a-\sqrt{a^2+b^2}}{b}\right|\geq 1$)

② $|z_1z_2|=1$ ($\because$ 근과 계수와 관계)

③ $|z_1|=\dfrac{1}{|z_2|}<1$($\because$ ①, ②에 의해)

$$\int_{-\pi}^{\pi}\frac{d\theta}{a+b\cos\theta}\equiv\int_{|z|=1}\frac{-2i}{bz^2+2az+b}dz=2\pi i\,\mathrm{Res}(f,\ z_1)=\frac{2\pi}{\sqrt{a^2-b^2}}$$

왜냐하면, z_1은 f의 단순극(단극)이므로

$$\mathrm{Res}(f,\ z_1)=\lim_{z\to z_1}(z-z_1)f(z)=\lim_{z\to z_1}\frac{-2i}{b(z-z_2)}=\frac{-2i}{b\times\dfrac{2\sqrt{a^2-b^2}}{b}}=\frac{-i}{\sqrt{a^2-b^2}}$$

정의 5.6

다가함수 f의 가지(branch)는 단가함수이면서 적절한 영역에서 해석함수

예 : 다가함수 $\log z=\ln|z|+i\arg z$ 의 가지 $\mathrm{Log}z=\ln|z|+i\mathrm{Arg}z,\ 0\leq \mathrm{Arg}<2\pi$

예제 5.14

$$\int_0^\infty \frac{t^{a-1}}{1+t}dt(0<a<1),\ f(z)=\frac{z^{a-1}}{1+z}$$

아주 작은 편각 $\sigma>0$을 고정하고 $0<r<1<R$

$C_1: Re^{i\sigma} \to Re^{-i\sigma}$

$C_2: re^{-i\sigma} \to re^{i\sigma}$

$L_+: re^{i\sigma} \to Re^{i\sigma}$

$L_-: Re^{-i\sigma} \to re^{-i\sigma}$

$C=C_1+L_-+C_2+L_+$

$$|z|=R \Rightarrow \left|\int_{C_1}\frac{z^{a-1}}{1+z}dz\right| \le \int_{C_1}\left|\frac{z^{a-1}}{1+z}\right|dz \le \int_{C_1}\frac{|z|^{a-1}}{||z|-1|}dz \le \frac{R^{a-1}}{R-1}2\pi R$$

$$|z|=r \Rightarrow \left|\int_{C_2}\frac{z^{a-1}}{1+z}dz\right| \le \frac{r^{a-1}}{1-r}2\pi r$$

$$\lim_{R\to\infty}\int_{C_1}\frac{z^{a-1}}{1+z}dz=\lim_{r\to 0}\int_{C_2}\frac{z^{a-1}}{1+z}dz=0 \qquad (*)$$

$L_+: (te^{i\sigma})^{a-1}=e^{(a-1)\log(te^{i\sigma})}=e^{(a-1)(\log t+i\sigma)}=e^{(a-1)\log t}e^{i(a-1)\sigma}=t^{a-1}e^{i(a-1)\sigma}$

$$\lim_{\sigma\to 0}\int_{L_+}f(z)dz=\lim_{\sigma\to o}\int_r^R\frac{t^{(a-1)}e^{i(a-1)\sigma}}{1+te^{i\sigma}}e^{i\sigma}dt$$

$$=\int_r^R\lim_{\sigma\to 0}\frac{t^{(a-1)}e^{i(a-1)\sigma}}{1+te^{i\sigma}}e^{i\sigma}dt=\int_r^R\frac{t^{a-1}}{1+t}dt$$

$L_-: (te^{-i\sigma})^{a-1}=e^{(a-1)\log(te^{-i\sigma})}=e^{(a-1)(\log t+i(2\pi-\sigma)}$

$$=e^{(a-1)\log t}e^{i(a-1)\sigma}=t^{a-1}e^{i(a-1)(2\pi-\sigma)}$$

$$im_{\sigma\to 0}\int_{L_-}f(z)dz=-\lim_{\sigma\to o}\int_r^R\frac{t^{(a-1)}e^{i(a-1)\sigma}}{1+te^{i\sigma}}e^{i\sigma}dt$$

$$=-\int_r^R\lim_{\sigma\to 0}\frac{t^{(a-1)}e^{i(a-1)\sigma}}{1+te^{i\sigma}}e^{i\sigma}dt=(-e^{2\pi ia})\int_r^R\frac{t^{a-1}}{1+t}dt$$

$$\therefore \lim_{\sigma\to 0}\int_{L_++L_-}\frac{z^{a-1}}{1+z}dz=(1-e^{2\pi ia})\int_r^R\frac{t^{a-1}}{1+t}dt$$

그런데,

$$\mathrm{Res}(f, -1) = \frac{p(-1)}{q'(-1)} = (-1)^{a-1} = e^{(a-1)\log(-1)} = e^{(a-1)(\log|-1| + i\arg(-1))}$$
$$= e^{(a-1)\pi i} = e^{a\pi i}e^{-\pi i} = -e^{a\pi i}$$

이므로,

$$2\pi i \mathrm{Res}(f, -1) = 2\pi i(-e^{\pi i a}) = \int_C \frac{z^{a-1}}{1+z}dz = \int_{C_1} f(z)dz + \int_{C_2} f(z)dz + \int_{L_+ + L_-} f(z)dz$$

에서 $\lim_{\delta \to 0}$을 취하면, $-2\pi i e^{i\pi a} = \int_{C_1 + C_2} \frac{z^{a-1}}{1+z}dz + (1 - e^{2\pi i a})\int_r^R \frac{t^{a-1}}{1+t}dt$

여기서, $\lim_{R \to \infty}$ 과 $\lim_{r \to 0}$ 을 취하면, 식 (*)에 의하여,

$$-2\pi i e^{i\pi a} = (1 - e^{i2\pi a})\int_0^\infty \frac{t^{a-1}}{1+t}dt$$

$$\therefore \int_0^\infty \frac{t^{a-1}}{1+t}dt = \frac{2\pi i \mathrm{Res}(f, -1)}{1 - e^{2\pi i a}} = \frac{-2\pi i e^{ia\pi}}{1 - e^{2\pi i a}} = \frac{-2\pi i}{e^{-ia\pi} - e^{ia\pi}} = \frac{-\pi}{-\sin a\pi} = \frac{\pi}{\sin a\pi}$$

5.5 다양한 적분

정리 5.16

실함수 $f : \mathbf{R} \to \mathbf{R}$ 에 대하여,

(a) $\int_{-\infty}^\infty f(x)\cos ax dx = \mathrm{Re}[2\pi i \sum_k \{\mathrm{Res}(f(z)e^{iaz}, z_k)\}]$, $a > 0$, z_k : 상반원 내의 극}]

(b) $\int_{-\infty}^\infty f(x)\sin ax dx = \mathrm{Im}[2\pi i \sum_k \{\mathrm{Res}(f(z)e^{iaz}, z_k)\}]$, $a > 0$, z_k : 상반원 내의 극}

(c) $\int_{-\infty}^\infty f(x)\cos ax dx = \mathrm{Re}[-2\pi i \sum_k \{\mathrm{Res}(f(z)e^{iaz}, z_k)\}]$, $a < 0$, z_k : 하반원 내의 극}

(d) $\int_{-\infty}^\infty f(x)\sin ax dx = \mathrm{Im}[-2\pi i \sum_k \{\mathrm{Res}(f(z)e^{iaz}, z_k)\}]$, $a < 0$, z_k : 하반원 내의 극}]

❚ 문제 5.1 ❚

$$\int_0^{\infty}\frac{\cos x}{x^2+b^2}dx=\frac{1}{2}\int_{-\infty}^{\infty}\frac{\cos x}{x^2+b^2}dx=\frac{\pi e^{-b}}{2b},\ b>0$$

$$\int_{-\infty}^{\infty}\frac{\cos x}{x^2+b^2}dx=\mathrm{Re}\left[2\pi i\,\mathrm{Res}\left(\frac{e^{iz}}{z^2+b^2},\ ib\right)\right]$$

$\mathrm{Res}\left(\frac{e^{iz}}{z^2+b^2},\ ib\right)=\frac{e^{-b}}{2ib}$ 이므로 $\int_{-\infty}^{\infty}\frac{\cos x}{x^2+b^2}dx=2\pi i\times\frac{e^{-b}}{2ib}=\frac{\pi e^{-b}}{b}$ 이다.

따라서 $\therefore\int_0^{\infty}\frac{\cos x}{x^2+b^2}dx=\frac{1}{2}\int_{-\infty}^{\infty}\frac{\cos x}{x^2+b^2}dx=\frac{\pi e^{-b}}{2b},\ b>0$

정리 5.17

복소 함수 f가 실수축에 놓이는 유한개의 단순극(simple poles), $x_1,\ \cdots,\ x_m$ 을 제외한 구역에서 해석적인 함수이고, $\exists R,\ M>0:\ \mathrm{Im}\ z\geq 0,\ |z|\geq R,\ |f(z)|\leq\frac{M}{|z|^2}$ or $f(z)=e^{iaz}g(z),\ a>0,\ \exists R,\ M>0:\ \mathrm{Im}\ z\geq 0,\ |z|\geq R,\ |g(z)|\leq\frac{M}{|z|}$ 이면, $\exists\,\mathrm{P.V.}\int_{-\infty}^{\infty}f(x)dx$, $\mathrm{P.V.}\int_{-\infty}^{\infty}f(x)dx=2\pi i\sum$ {상반평면상의 유수} $+\ \pi i\sum$ {x-축 위의 유수}.

예제 5.15

$$I=\mathrm{P.V.}\int_{-\infty}^{\infty}\frac{e^{ix}}{x}dx$$

풀이) $\mathrm{Im}\ I=\mathrm{P.V.}\int_{-\infty}^{\infty}\frac{\sin x}{x}dx=\int_{-\infty}^{\infty}\frac{\sin x}{x}dx=2\int_0^{\infty}\frac{\sin x}{x}dx$ 이고,

$I=\mathrm{Res}\left(\frac{e^{iz}}{z},\ 0\right)=\pi i$ 이므로, $\int_0^{\infty}\frac{\sin x}{x}dx=\frac{\mathrm{Im}I}{2}=\frac{\pi}{2}$.

예제 5.16

$\int_C \frac{1}{z\sqrt{z^2-1}}dz = 2\pi i \operatorname{Res}\left(\frac{1}{z\sqrt{z^2-1}},\ 0\right) = 2\pi$, C는 1, -1을 제외한 단순 폐곡선,

이므로, $\int_1^{\infty} \frac{1}{x\sqrt{x^2-1}}dx = \lim_{\epsilon \to 0,\ r \to \infty,\ \delta \to 0} \int_{1+\epsilon}^{r} \frac{1}{x\sqrt{x^2-1}}dx = \frac{2\pi}{4} = \frac{\pi}{2}$ 이다.

□ **참고 5.7** □

복소 함수 f가 정수가 아닌 유한개의 극을 갖는 유리형함수(meromorphic function)이고, $\sum_{n=-\infty}^{\infty} f(n)$에 대하여, 복소 함수 G는 정수에서 단순극을 갖는 유리형함수 이고, 각각의 유수가 모두 1이고, $f(z)G(z)$의 유수는 $f(n)$이며, C가 $-N,\ -N+1,\ \cdots,\ 0,\ 1,\ \cdots,\ N$을 둘러싸고 있는 폐곡선이면, $\int_C f(z)G(z)dz = 2\pi i\left[\left\{\sum_{n=-N}^{N} f(n)\right\} + \sum\{f\text{의 극에서 } f(z)G(z)\text{ 의 유수}\}\right]$이다.

정리 5.18

정수가 아닌 유한개의 극을 갖는 유리형함수 f와 주어진 정점 $\left(N+\frac{1}{2}\right)(\pm 1 \pm i)$, $N = 1,\ 2,\ 3,\ \cdots\cdots$, 에 대하여, 사각형 C_N 이 f 의 모든 극을 포함하도록 충분히 큰 N을 택했을 때, $\int_{C_N} f(z)\pi \cot \pi z dz \to 0$ as $N \to \infty$ 이면, $\exists \lim_{N \to \infty} \sum_{n=-N}^{N} f(n) < \infty$ 이고,

$\sum_{n=-\infty}^{\infty} f(n) = \lim_{N\to\infty} \sum_{n=-N}^{N} f(n) = -\sum\{f\text{의 극에서 } f(z)\pi \cot \pi z\text{의 유수}\}$이다.

증명) 유수정리에 의하여,

$\int_{C_N} f(z)\pi \cot \pi z dz = 2\pi i \sum\{$정수 $-N,\ -N+1,\ \cdots,\ 0,\ 1,\ \cdots,\ N$에서 $f(z)\pi \cot \pi z$의 유수$\} + 2\pi i \sum\{f$의 극에서 $f(z)\pi \cot \pi z$의 유수$\}$이고, 정수 n, $\operatorname{Res}(\cot \pi z,\ n) = \frac{\cos \pi n}{\pi \cos \pi n} = \frac{1}{\pi}$ 이며, $\operatorname{Res}(f(z)\pi \cot \pi z,\ n) = \pi f(n) \operatorname{Res}(\cot \pi z,\ n) = f(n)$ 이므로, $\sum$

$\{-N, -N+1, \cdots, 0, 1, \cdots, N$ 에서 $f(z)\pi\cot\pi z$의 유수$\} = \sum_{n=-N}^{N} f(n)$ 이고,

$0 = \lim_{N\to\infty}\int_{C_N} f(z)\pi\cot\pi z dz = 2\pi i \lim_{N\to\infty}\sum_{n=-N}^{N} f(n) + 2\pi i \sum\{f$의 극에서 $f(z)\pi\cot\pi z$ 의 유수$\}$이므로, $\sum_{n=-\infty}^{\infty} f(n) = \lim_{N\to\infty}\sum_{n=-N}^{N} f(n) = -\sum\{f$의 극에서 $f(z)\pi\cot\pi z$ 의 유수$\}$이고,

$\int_{C_N} \frac{\pi\cot\pi z}{z} dz = 2\pi i \,\mathrm{Res}\left(\frac{\pi\cot\pi z}{z}, 0\right) + 2\pi i \sum\{n = \pm 1, \pm 2, \cdots, \pm N$ 에서의 $\frac{\pi\cot\pi z}{z}$ 의 유수$\}$이다.

예제 5.17

$$\sum_{n=1}^{\infty}\frac{1}{n^2} = \frac{\pi^2}{6}$$

풀이) $f(z) = \frac{1}{z^2}$ 은 0에서 극을 갖고, $\int_{C_N}\frac{\pi\cot\pi z}{z^2}dz \to 0$ as $N\to\infty$ 이므로,

$$\int_{C_N}\frac{\pi\cot\pi z}{z^2}dz = 2\pi i \ [\textstyle\sum\{z = 0, \pm 1, \pm 2, \cdots, \pm N \text{ 에서의 } \frac{\pi\cot\pi z}{z^2} \text{ 의 유수}\}]$$

$$= 2\pi i 2\sum_{n=1}^{N}\frac{1}{n^2} + 2\pi i \,\mathrm{Res}\left(\frac{\pi\cot\pi z}{z^2}, 0\right)$$

tanz 가 $z = 0$에서 단순 영점(simple zero)을 가지므로, cotz 는 $z = 0$에서 단순극을 갖는다.

즉, $\cot z = \frac{a_{-1}}{z} + a_0 + a_1 z + \cdots$,

$\cos z = \sin z \cot z$이므로,

$\left(1 - \frac{z^2}{2!} + \frac{z^4}{4!} - \cdots\right) = \left(z - \frac{z^3}{3!} + \frac{z^5}{5!} - \cdots\right)\left(\frac{a_{-1}}{z} + a_0 + a_1 z + \cdots\right)$이다.

그러므로 $a_{-1} = 1, \ a_0 = 0, \ a_1 = -\frac{1}{3}$.

$\frac{\pi\cot\pi z}{z^2} = \frac{\pi\left(\frac{1}{\pi z} - \frac{\pi z}{3} + \cdots\right)}{z^2} = \frac{1}{z^3} + \frac{-\pi^2/3}{z} + \cdots$이므로

$\mathrm{Res}\left(\frac{\pi\cot\pi z}{z^2}, 0\right) = -\frac{\pi^2}{3}$,

따라서 $\sum_{n=1}^{\infty}\frac{1}{n^2}=\frac{1}{2}\left\{-\mathrm{Res}\left(\frac{\pi\cot\pi z}{z^2},\ 0\right)\right\}=\left(\frac{1}{2}\right)\left(\frac{\pi^2}{3}\right)=\frac{\pi^2}{6}.$

□ **참고 5.8** □

(1) $f(z)=\frac{\pi\cot\pi z}{z^2}$ 는 0이 아닌 모든 정수 n에 대하여, $z=n$에서 단순극을 가지며,

$\mathrm{Res}\left(\frac{\pi\cot\pi z}{z^2},\ n\right)=\frac{\pi\cot\pi z/n^2}{\pi\cot\pi z}=\frac{1}{n^2},\ n\in\mathbf{Z}\setminus 0,$

(2) $f(z)=\frac{\pi\cot\pi z}{z^2}$ 는 $z=0$에서 3중극(pole of order 3)을 가지며,

$\mathrm{Res}\left(\frac{\pi\cot\pi z}{z^2},\ 0\right)=-\frac{\pi^2}{3},$

왜냐하면, $\frac{\pi\cot\pi z}{z^2}=\frac{1}{z^3}-\frac{\pi^2}{3z}+\cdots$

□ **참고 5.9** □

실수가 아닌 유한개의 극 $z_0,\ z_1,\ \cdots,\ z_n$을 제외한 복소평면 전체에서 해석적인 함수 f에 대하여, $\exists M,\ R>0:\ |z|>R\Rightarrow|z^2f(z)|\le M$이고, $g(z)=\pi f(z)\cot(\pi z)$, $h(z)=\pi f(z)\csc(\pi z)$라고 하면,

(a) $\sum_{n=-\infty}^{\infty}f(n)=-\sum_{k=1}^{n}\mathrm{Res}(g,\ z_k)$이고,

(b) $\sum_{n=1}^{\infty}(-1)^n f(n)=-\sum_{k-1}^{n}\mathrm{Res}(h,\ z_k)$이다.

증명) $|n|>R$일 때, $|f(n)|\le\frac{M}{n^2}$이므로, $\sum_{n=-\infty}^{\infty}f(n)$과 $\sum_{n=-\infty}^{\infty}(-1)^n f(n)$은 절대수렴한다.

$\pi\cot(\pi z)$와 $\pi\csc(\pi z)$의 극(pole)은 정수전체 의 집합 **Z**이므로, g와 h의 극은 $\{z_0,z_1,\ \cdots,\ z_n\}\cup\mathbf{Z}$이다.

따라서 $\forall n\in\mathbf{Z}$, $\mathrm{Res}(g,\ n)=f(n)$이고, $\mathrm{Res}(h,\ n)=(-1)^n f(n)$이다.

그러므로 정리 5.18에 의하여,

$$\sum_{n=-\infty}^{\infty} f(n) = -\sum_{k=1}^{n} \mathrm{Res}(g,\ z_k) \text{ 이고, } \sum_{n=1}^{\infty} (-1)^n f(n) = -\sum_{k=1}^{n} \mathrm{Res}(h,\ z_k) \text{ 이다.}$$

예제 5.18

무한급수 $\displaystyle\sum_{n=0}^{\infty} \frac{(-1)^n}{(2n+1)^3}$ 의 합을 구하라.

풀이) 복소 함수 $h(z) = \dfrac{\pi}{(2z+1)^3 \sin(\pi z)}$ 는 $z_0 = -\dfrac{1}{2}$ 에서 3중극(a pole of order 3)을 가지므로, $\mathrm{Res}\left(h,\ -\dfrac{1}{2}\right) = -\dfrac{\pi^3}{16}$ 이다.

왜냐하면,
$$\mathrm{Res}\left(h,\ -\frac{1}{2}\right) = \frac{1}{2} \lim_{z \to -\frac{1}{2}} \frac{d^2}{dz^2}\left(z+\frac{1}{2}\right)^3 h(z)$$
$$= \frac{1}{2} \lim_{z \to -\frac{1}{2}} \frac{d^2}{dz^2}\left(\frac{\pi}{8} \frac{1}{\sin(\pi z)}\right)$$
$$= \frac{1}{2}\left(-\frac{\pi^3}{8}\right) = -\frac{\pi^3}{16}.$$

그런데, 참고 5.9로로부터,

$$\frac{\pi^3}{16} = \sum_{n=-\infty}^{\infty} (-1)^n \frac{1}{(2n+1)^3} = \cdots - \frac{1}{(-5)^3} + \frac{1}{(-3)^3} - \frac{1}{(-1)^3} + \frac{1}{1^3} - \frac{1}{3^3} + \frac{1}{5^3} - \cdots$$
$$= 2\left(\frac{1}{1^3} - \frac{1}{3^3} + \frac{1}{5^3} - \cdots\right)$$
$$= 2\sum_{n=0}^{\infty} \frac{(-1)^n}{(2n+1)^3} \text{ 이다.}$$

그러므로 $\displaystyle\sum_{n=0}^{\infty} \frac{(-1)^n}{(2n+1)^3} = \frac{\pi^3}{32}$ 이다.

연습문제

1. $|z| < 1$ 에서 $\dfrac{1}{(1-z)(2-z)}$ 의 Laurent 급수를 구하라.

2. $1 < |z| < 2$ 에서 $\dfrac{1}{(1-z)(2-z)}$ 의 Laurent 급수를 구하라.

3. $|z| > 2$ 에서 $\dfrac{1}{(1-z)(2-z)}$ 의 Laurent 급수를 구하라.

4. $z_0 = 1/2$ 에서 $1/(1-z)$ 의 Taylor 급수를 구하라.

5. $z_0 = 1$ 에서 e^z 의 Taylor 급수를 구하라.

6. $|z| < 1$ 에서 $\dfrac{1}{(1-z)^2}$ 의 Maclaurin 급수를 구하라.

7. $|z| < \dfrac{\pi}{2}$ 에서 $\sec(z)$ 의 Maclaurin 급수를 구하라.

8. Laurent 급수 $\displaystyle\sum_{n=-\infty}^{\infty} \frac{z^n}{2^{|n|}}$ 의 수렴영역을 구하라.

9. Laurent 급수 $\displaystyle\sum_{n=-\infty}^{\infty} 2^{|n|} z^n$ 의 수렴영역을 구하라.

10. $\text{P.V.}\displaystyle\int_{-\infty}^{\infty} \frac{\sin(x)}{x} dx$ 를 구하라.

11. 다음 함수의 특이점의 유형(극, 본질적 특이점, 제거가능 특이점)을 결정하라.

(a) $f(z) = \dfrac{z^2}{z - \sin(z)}$,

(b) $f(z) = \sin\left(\dfrac{1}{z}\right)$,

(c) $f(z) = \dfrac{z}{\sin(z)}$,

(d) $f(z) = \dfrac{e^z - 1}{z}$.

12. 다음 함수의 극(pole)의 위치와 차수(order)를 결정하라.

(a) $f(z) = \dfrac{1}{z^6 + 1}$,

(b) $f(z) = \dfrac{\sin(z)}{z^5}$,

(c) $f(z) = \dfrac{1}{z^2 \sin(z)}$.

13. $f(z) = z\sin\left(\dfrac{1}{z}\right)$일 때, 모든 z_n에 대하여 $f(z_n) = 0$인, 0에 수렴하는 수열 $\{z_n\}_{n=1}^{\infty}$가 존재함을 증명하라.

14. 함수 $f(z) = z^5 - z$의 다음 폐곡선 C에 원점 $w = 0$에 대한 회전수 $I(f(C), 0)$를 구하라.

(a) $C: \ |z| = \dfrac{1}{2}$,

(b) $C: \ |z| = 2$,

(c) $C: \ |z - i| = 1.25$.

15. 다항식 $p(z) = z^5 + 15z + 1$은 영역 $\left\{z : \dfrac{3}{2} < |z| < 2\right\}$에서 몇 개의 근을 갖는가?

16. 다음 함수의 0에서의 유수 $\mathrm{Res}(f, 0)$를 각각 구하라.

(a) $f(z) = \csc(z)$,

(b) $f(z) = \dfrac{\cos(z)}{z^3}$,

(c) $f(z) = \dfrac{z^2 + 4z + 5}{z^3}$,

(d) $f(z) = \exp(1 + 1/z)$,

(e) $f(z) = z^4 \sin\left(\dfrac{1}{z}\right)$.

17. 다음 적분을 계산하라.

(a) $\displaystyle\int_0^{2\pi} \frac{1}{1 + a\cos\theta} d\theta$, $0 \le a < 1$.

(b) $\displaystyle\frac{1}{2}\int_0^{2\pi} \sin^{2n}\theta \, d\theta$.

(c) $\displaystyle\int_0^{\frac{\pi}{2}} \frac{1}{a + \sin^2 x} dx$, $a > 0$.

(d) $\displaystyle\int_{-\infty}^{\infty} \frac{e^{ax}}{e^x + 1} dx$, $0 < a < 1$.

18. $f(z) = \dfrac{\sin(z)}{z^3}$ 의 $z_0 = 0$ 에서 극의 차수(order of pole)를 구하라.

19. $R > 0$ 이고, $C_R : z(t) = Re^{it}$, $0 \le t \le \pi$ 이고, 곡선 $C = C_R \cup [-R, R]$ 일 때

(a) $\displaystyle\int_C \frac{1}{(1 + z^2)^2} dz$ 를 구하라.

(b) $\displaystyle\lim_{R \to \infty} \int_{C_R} \frac{1}{(1 + z^2)^2} dz = 0$ 임을 증명하라.

(c) (a)와 (b)를 이용하여, 실적분 $\int_{-\infty}^{\infty} \frac{1}{(1+x^2)^2} dx$를 구하라.

20. $\int_{-\infty}^{\infty} \frac{x^2}{x^4+1} dx$를 계산하라.

21. $\int_{-\infty}^{\infty} \frac{\cos(\xi x)}{x^2+1} dx$, $\xi \in \mathbf{R}$를 계산하라.

22. 다항식 $p(z) = z^6 + z^3 + 5z^2 - 2$가 개원환(open annulus) $A = \{z \in \mathbf{C} : 1 < |z| < 2\}$에서, 중복도(multiplicity) 포함하여, 몇 개의 근을 갖는가?

23. $\int_0^{2\pi} \sin(\exp e^{i\theta}) d\theta$를 구하라.

24. $a > e$일 때, 방정식 $az^n - e^z = 0$가 단위원 $D = \{z : |z| = 1\}$ 내부에서 n개의 근을 가짐을 보여라.

CHAPTER 06

조화함수와 등각사상

이 장에서는 먼저 Potential 이론이라고 불리우는 조화함수의 분석에 중점을 두고 나아가 등각사상의 성질 중, Schwarz 보조 정리, Schwarz-Pick 보조 정리, Moebius 변환, Riemann 사상정리 등을 이해하는데 중점을 둔다.

6.1 조화함수의 성질

정의 6.1

실수값 함수 u가 영역 $\Omega \subset R^2$에서 조화함수란 Ω의 모든 점에서 u의 이계편도함수가 존재하고 연속이며, Laplace 방정식 $\frac{\partial^2 u}{\partial x^2} + \frac{\partial^2 u}{\partial y^2} = 0$을 만족함을 말한다.

보조정리 6.0

복소 함수 $f = u + iv$가 영역 $\Omega \subset C$에서 해석적 함수이면, $Re(f) = u$와 $Im(f) = v$는 Ω에서 조화함수이다.

증명) f가 $\Omega \subset C$에서 해석적 함수이므로, f가 Cauchy-Riemann 방정식 :

$u_x = v_y$, $u_y = -v_x$를 만족한다.

따라서 u와 v가 이계편도함수가 존재하고 연속이므로, $u_{xy} = u_{yx}$이고, $v_{xy} = v_{yx}$이다.

그래서 $\Delta u = u_{xx} + u_{yy} = v_{yx} - v_{xy} = 0$이고, $\Delta v = v_{xx} + v_{yy} = -u_{yx} + u_{xy} = 0$이므로,

그러므로 $Re(f) = u$와 $Im(f) = v$는 Ω에서 조화함수이다.

□ **참고 6.1** □

실함수 u가 단순연결 영역 Ω에서 정의된 조화함수이면, ∃ Ω에서 정의된 실조화함수 v : $f = u + iv$가 Ω에서 해석적인 함수이다.

정리 6.1

함수 $u(z) = u(x, y)$가 단순연결 영역 Ω에서 정의된 조화함수이면, ∃ Ω에서 정의된 해석적 함수 f : $Re(f) = u$.

증명) $g(z)=\frac{\partial u}{\partial x}(z)-i\frac{\partial u}{\partial y}(z)$가 Cauchy-Riemann 방정식을 만족하고 연속인 2계 편도함수가 존재하므로, 해석함수가 되기 위한 충분조건 정리에 의하여, g는 해석적 함수이다. 임의의 고정된 $z_0\in\Omega$ 에 대하여, $f(z)=u(z_0)+\int_{z_0}^{z}[\frac{\partial u}{\partial x}(\zeta)-i\frac{\partial u}{\partial y}(\zeta)]d\zeta$로 정의하면, 영역 Ω가 단순연결 영역이므로 z_0에서 z까지의 임의의 곡선을 따라서 적분하여도 그 값은 같다. 따라서 원시함수의 존재성과 Cauchy-Goursat 정리에 관한 동치조건 정리에 의하여, f는 해석적 함수이고, $f'(z)=\frac{\partial u}{\partial x}(z)-i\frac{\partial u}{\partial y}(z)$ 이다. 그런데 일반적으로 $f'(z)=\frac{\partial Ref}{\partial x}(z)-i\frac{\partial Ref}{\partial y}(z)$이므로 $u(z)$와 $Ref(z)$는 같은 편도함수를 가지고, $u(z_0)=Ref(z_0)$이므로 $u(z)=Ref(z)$이다.

정의 6.2

단순연결 영역 Ω에서 정의된 조화함수 $u(x, y)$에 대하여, $f=u+iv$가 해석적 함수일 때, $v(x, y)$를 $u(x, y)$의 조화 켤레함수(harmonic conjugate of u)(또는 조화 공액 함수)라고 부른다.

□ 참고 6.2 □

조화 켤레함수는 상수 차이를 무시하면 유일하게 결정 된다.

만일 v와 w가 조화함수 u의 조화 켤레함수이면, $i(v-w)$는 그 상이 허수축 안에 들어가는 해석적 함수이므로 열린사상정리(Open Mapping Theorem)에 의하여 상수함수가 되기 때문이다.

▌문제 6.1▐

만일 $u(z)$가 조화함수이면, 함수 $g(z)=\frac{\partial u}{\partial x}(z)-i\frac{\partial u}{\partial y}(z)$가 Cauchy-Riemann 방정식을 만족함을 보여라.

풀이) $g(z)=U+iV$, $U=u_x$, $V=-u_y$ 이면, $U_x=u_{xx}$, $V_y=-u_{yy}$이고, $\Delta u=u_{xx}+u_{yy}=0$이므로, $U_x=V_y$이다.

$U_y = u_{xy}$, $V_x = -u_{yx} = -u_{xy}$ 이므로, $U_y = -V_x$ 이다.

즉, g는 Cauchy-Riemann 방정식을 만족한다.

| 문제 6.2 |

만일 $v(z)$가 $u(z)$의 조화 켤레함수이면, $-u(z)$가 $v(z)$의 조화 켤레함수임을 증명하라.

풀이) v가 u의 조화 켤레함수이면, 해석적 함수 $f = u + iv$가 존재한다.

따라서 $-if = v - iu$도 해석적 함수이므로, $-u$가 v의 조화 켤레함수이다.

예제 6.1

$u(x, y) = \frac{1}{2}\log(x^2 + y^2)$는 영역 $\mathbf{C}\setminus\{0\}$ 위에서 조화함수 이지만, 해석함수의 실수부가 될 수 없다.

왜냐하면, $u + iv$가 해석적 함수라고 가정하면, 영역 $\mathbf{C}\setminus\{it : t \le 0\}$ 위에서 $u(z) + iv(z) - \mathrm{Log}(z)$는 해석적 함수이고, 실수부는 0이므로, 열린사상정리를 적용하면, $u(z) + iv(z) = \mathrm{Log}z + C$, C는 상수이다.

그러나 $\mathrm{Log}(z)$는 영역 $\mathbf{C}\setminus\{0\}$ 전체에서 정의될 수 없다.

그러므로 Ω가 복소평면에서 단순연결 영역이라는 조건은 필수적이다.

정리 6.2 [조화함수에 관한 평균값의 정리]

영역 Ω에서 정의된 조화함수 $u(z)$에 대하여, $\overline{D(z_0, r)} \subset \Omega$이면, $u(z_0) = \frac{1}{2\pi}\int_{-\pi}^{\pi} u(z_0 + re)dt$ 이다.

증명) 닫힌원판 $\overline{D(z_0, r)}$이 Ω에 포함되면, $\overline{D(z_0, r)} \subset D(z_0, \rho) \subset \Omega$을 만족하는 $\rho > 0$가 존재하며, 열린원판 $D(z_0, \rho)$는 단순연결 영역이므로, 정리 6.1에 의하여, $u(z)$를 실수부로 가지는 해석적 함수 $f(z)$를 $D(z_0, \rho)$ 위에서 정의할 수 있다. 따라서 Gauss의

평균값의 정리에 의하여, $f(z_0) = \frac{1}{2\pi}\int_{-\pi}^{\pi} f(z_0 + re)dt$ 이다. 양변의 실수부를 택하면,

$u(z_0) = \frac{1}{2\pi}\int_{-\pi}^{\pi} u(z_0 + re)dt$를 얻는다.

보조정리 6.2.1

영역 Ω에서 정의된 조화함수 $u(z)$가 $z_0 \in \Omega$에서 극대값을 가지면, 함수 $u(z)$는 z_0-근방에서 상수함수이다.

증명) 만일 조화함수 $u(z)$가 $z = z_0$에서 극대값을 가지면 적당한 열린원판 $D(z_0, R)$에서 $u(z_0)$는 최대값이 된다. 임의의 $r < R$에 대하여, $u(z_0) - u(z_0 + re) \geq 0$, $\int_{-\pi}^{\pi} [u(z_0) - u(z_0 + re)]dt = 0$ 이고, 함수 $t \mapsto u(z_0) - u(z_0 + re)$가 연속이므로, 임의의 $t \in [-\pi, \pi]$에 대하여, $u(z_0) = u(z_0 + re)$이다.

따라서 $u(z)$는 열린원판 $D(z_0, R)$에서 상수함수이다.

정리 6.3 **[조화함수에 관한 최대값 원리]**

함수 $u(z)$가 유계영역 Ω에서 조화함수이고, $\overline{\Omega} = \Omega \cup \partial\Omega$에서 연속이면, $\max\{u(z) : z \in \overline{\Omega}\} = \max\{u(z) : z \in \partial\Omega\}$이다.

증명) Ω가 유계이고 $u(z)$가 $\overline{\Omega}$에서 연속이므로, $\exists M = \max_{z \in \overline{\Omega}} u(z)$.

$A = \{z \in \Omega : u(z) = M\}$, $B = \{z \in \Omega : u(z) < M\}$로 정의하면, $A \cup B = \Omega$, $A \cap B = \varnothing$ 이다.

주장(Claim) : $A = \varnothing$ or $B = \varnothing$

$A = \varnothing$이면, 최대값이 $\partial\Omega$에서 얻어지고, 만일 $B = \varnothing$이면, $u(z)$가 상수함수이므로 증명이 완료된다.

Ω 위의 수열 $\{\zeta_n\}$이 ζ_0에 수렴한다고 가정하고, 만일 각 $n = 1, 2, \cdots$에 대하여 $\zeta_n \in A$이면, $u(z)$가 연속함수이므로, $\zeta_0 \in A$이고, 역으로, $\zeta_0 \in A$이면, 함수 $u(z)$가 $z = \zeta_0$에서 극대값을 가지므로, 보조정리 6.2.1에 의해서, 충분히 큰 n에 대하여,

$\zeta_n \in A$ 이다, 즉, $\zeta_n \in A \Rightarrow \zeta_0 \in A$, $\zeta_n \in B \Rightarrow \zeta_0 \in B$ 이다.

함수 h를 다음: $h(z)=1$, $z \in A$, $h(z)=0$, $z \in B$ 과 같이 정의하면, h는 Ω에서 연속이고, Ω가 영역이므로, 항등정리에 의하여, A 또는 B가 공집합이다.

□ 참고 6.3 □

조화함수에 대한 최대값 원리에 의하면, 유계영역에서 정의된 조화함수는 그 경계에서의 함수값에 의하여 완전히 결정된다.

왜냐하면, 유계영역 Ω에서 정의된 조화함수 $u(z)$가 $\overline{\Omega}$에서 연속이고 $\partial\Omega$에서 $u=0$이라 가정하면, 최대값 원리에 의하여, $u \le 0$이다. $-u(z)$ 또한 조화함수이므로, $-u \le 0$이 되어, $u \equiv 0$이 된다. 따라서 유계영역 Ω에서 정의된 조화함수 $u(z)$, $v(z)$가 $\overline{\Omega}$에서 연속이고 $\partial\Omega$에서 $u(z)=v(z)$이면 $u \equiv v$임을 알 수 있다.

따름정리 6.3.1 **[조화함수에 관한 최소값 원리]**

영역 $\Omega \subset \mathbf{C} \equiv \mathbf{R}^2$에 대하여, $u : \Omega \to \mathbf{R}$이 조화함수 이고, $\exists z_0 \in \Omega$, $r_0 > 0$: $D(z_0, r_0) \subset \Omega$, $u(z_0) = \inf\{u(z) : z \in D(z_0, r_0)\}$이면, u는 Ω에서 상수함수이다.

증명) 조화함수에 관한 최대값 원리에서, u 대신에 $-u$를 적용하면 결과가 유도된다.

따름정리 6.3.2

영역 $\Omega \subset \mathbf{C} \equiv \mathbf{R}^2$에 대하여, $u : \Omega \to \mathbf{R}$이 조화함수이고, 유계영역 Ω에서, $u : \overline{\Omega} \to \mathbf{R}$이 연속함수이면, $\max\{u(z) : z \in \Omega\} = \max\{u(z) : z \in \partial\Omega\}$이고, $\min\{u(z) : z \in \Omega\} = \min\{u(z) : z \in \partial\Omega\}$이다.

증명) $\overline{\Omega}$가 compact이고, u가 $\overline{\Omega}$에서 연속이므로,

따라서 보조정리 6.2와 따름정리 6.2에 의해서, u가 상수함수가 아니면, u의 최대값과 최소값은 Ω의 경계, 즉, $\partial\Omega$에서 갖는다.

정리 6.4 [원판에 관한 Poisson 적분공식]

원판 $\overline{D}(z_0, R)$을 포함하는 영역 Ω에서 정의된 조화함수 $u(z)$와 임의의 $0 \le r < R$에 대하여,

$$u(z_0 + re^{i\theta}) = \frac{1}{2\pi}\int_{-\pi}^{\pi} P_{r/R}(\theta - t)u(z_0 + Re^{it})dt$$
$$= \frac{1}{2\pi}\int_{-\pi}^{\pi} \frac{R^2 - r^2}{R^2 - 2rR\cos(\theta - t) + r^2} u(z_0 + Re^{i\theta})dt.$$

증명) 단위원판 $\overline{\Delta} = \overline{D}(0, 1)$을 포함하는 영역 Ω에서 정의된 해석적 함수 $f(z)$를 생각하면, $z_0 \in \Delta = D(0, 1)$, Cauchy 적분공식에 의하여, $f(z_0) = \frac{1}{2\pi i}\int_{|z|=1} \frac{f(z)}{z - z_0}dz$.

고정된 $|z_0| < 1$, Moebius 변환 $\phi_{z_0}(z) = \frac{z - z_0}{1 - \overline{z_0}z}$에 대하여, 일차 분수함수 g_{z_0}를 $g_{z_0} = -\phi_{z_0}$로 정의하면, 즉, $g_{z_0}(z) = -\phi_{z_0}(z) = \frac{z - z_0}{\overline{z_0}z - 1}$이다.

이 함수는 $C \setminus \left\{\frac{1}{\overline{z_o}}\right\}$에서 $C \setminus \left\{\frac{1}{\overline{z_o}}\right\}$로 가는 전단사사상으로서 0을 z_0로 보내고, 단위원을 단위원으로 보내며, $g_{z_0}^{-1} = g_{z_0}$, 즉, $g_{z_0}(g_{z_0}(z)) = z$이다.

새로운 해석적 함수 $f \circ g_{z_0}$에 Cauchy 적분공식을 적용하면, $f(z_0) = (f \circ g_{z_0})(0) = \frac{1}{2\pi}\int_{|z|=1} (f \circ g_{z_0})(z)\frac{dz}{z}$을 얻는다.

이제 단위원 $|z| = 1$을 $z(t) = g_{z_0}(e)$, $-\pi \le t \le \pi$로 매개화하면, $(f \circ g_{z_0})(z(t)) = f(e)$, $\frac{\dot{z}(t)}{z(t)} = i\frac{1 - |z_0|^2}{|1 - \overline{z_0}e|^2}$이므로,

$$f(z_0) = \frac{1}{2\pi}\int_{-\pi}^{\pi} f(e)\frac{1 - |z_0|^2}{|1 - \overline{z_0}e|^2}dt \quad \cdots\cdots \quad (1)$$

함수공간 $\{P_r : 0 \le r < 1\}$을 다음 : $P_r(t) = \frac{1 - r^2}{1 - 2r\cos t + r^2}$, $0 \le r < 1$, $-\pi \le t \le \pi$으로 정의하면, 등식 (1)을 다음 $f(re^{i\theta}) = \frac{1}{2}\pi\int_{-\pi}^{\pi} P_r(\theta - t)f(e)dt$, $0 \le r < 1$ $\cdots\cdots$ (2)

와 같이 바꾸어 쓸 수 있다.

(2)의 양변에 복소켤레를 취하면, $\overline{f(re^{i\theta})} = \frac{1}{2\pi}\int_{-\pi}^{\pi} P_r(\theta - t)\overline{f(e)}dt,\ 0 \le r < 1$ ⋯ (3)

조화함수 $u(z)$가 단위원판 $\overline{\Delta} = \overline{D}(0, 1)$을 포함하는 영역 Ω에서 정의되어 있으면, $\overline{\Delta} \subset D(0, 1+\epsilon) \subset \Omega$을 만족하는 $\epsilon > 0$을 택할 수 있고, $D(0, 1+\epsilon)$은 단순연결 영역이므로, 정리 6.1.3을 적용하여, $u(z)$를 실수부로 가지는 해석적 함수 $f(z)$를 $D(0, 1+\epsilon)$에서 정의할 수 있다. 이 함수는 등식 (2)를 만족하고, 이등식의 실수부를 취하면, $u(re^{i\theta}) = \frac{1}{2\pi}\int_{-\pi}^{\pi} P_r(\theta - t)u(e)dt,\ 0 \le r < 1$ ⋯⋯⋯⋯⋯⋯⋯⋯⋯⋯⋯ (4)

를 얻는다.

함수 $u(z)$가 원판 $\overline{D}(z_0, R)$을 포함하는 영역에서 정의된 조화함수 이면, 새로운 조화함수 $z \mapsto u(z_0 + Rz)$에 등식 (4)를 적용함으로써, 임의의 $0 \le r < R$에 대하여,

$$u(z_0 + re^{i\theta}) = \frac{1}{2\pi}\int_{-\pi}^{\pi} P_{r/R}(\theta - t)u(z_0 + Re)dt$$

$$= \frac{1}{2\pi}\int_{-\pi}^{\pi} \frac{R^2 - r^2}{R^2 - 2rR\cos(\theta - t) + r^2}u(z_0 + Re^{i\theta})dt \quad \cdots\cdots (5)$$

을 얻는다.

□ 참고 6.4 □

(1) $z \in D(0, R)$, $\xi \in \partial D(0, R)$에 대하여, $P_z(\xi) = \frac{1}{2\pi}\frac{|\xi|^2 - |z|^2}{|\xi - z|^2}$를 원판 $D(0, R)$에 관한 Poisson Kernel이라고 부른다.

(2) Poisson Kernel을 극좌표로 표현하면 :

$$P_{re^{i\eta}}(Re^{i\theta}) = \frac{1}{2\pi}\frac{R^2 - r^2}{|Re^{i\theta} - re^{i\eta}|^2}$$

$$= \frac{1}{2\pi}\frac{R^2 - r^2}{R^2 - 2Rr\cos(\theta - \eta) + r^2}$$ 이다.

(3) $\forall\ 0 < r < R$, η, $\theta \in [0, 2\pi]$에 대하여, Poisson Kernel $P_{re^{i\eta}}(Re^{i\theta}) > 0$이다.

(4) $\xi = Re^{i\theta}$이고, $z = re^{i\eta}$이면,

$$P_{re^{i\eta}}(Re^{i\theta}) = \frac{1}{2\pi}\mathrm{Re}\left(\frac{\xi + z}{\xi - z}\right)$$

$$= \frac{1}{2\pi}\mathrm{Re}\left(\frac{Re^{i\theta} + re^{i\eta}}{Re^{i\theta} - re^{i\eta}}\right)$$ 이다.

왜냐하면,

$$\frac{\xi+z}{\xi-z}=\frac{\xi+z}{\xi-z}\frac{\bar{\xi}-\bar{z}}{\bar{\xi}-\bar{z}}=\frac{|\xi|^2-|z|^2+(\bar{\xi}z-\xi\bar{z})}{|\xi-z|^2}$$ 이기 때문이다.

(5) 상수 함수 $u(z)=1$ 이 조화함수이므로,

$$\frac{1}{2\pi}\int_0^{2\pi}P_z(Re^{i\theta})\,d\theta=\frac{1}{2\pi}\int_0^{2\pi}\frac{R^2-|z|^2}{|Re^{i\theta}-z|^2}d\theta=1$$ 이다.

□ 참고 6.5 □ [Dirichlet 문제]

영역 $\Omega\subset C$ 에서의 Laplace 방정식에 대한 Dirichlet 문제는 경계값 문제 :

Ω 에서, $\Delta u=0$ 와 $\partial\Omega$ 에서, $u=f$, 여기서 주어진 자료(data) f 는 $\partial\Omega$ 에서 연속 함수를 말한다.

정리 6.5

주어진 $D=\{z\in C : |z|<1\}$ 에 대하여, f 가 ∂D 에서 연속함수이고,

$$u(z)=\begin{cases}1/(2\pi)\int_0^{2\pi}f(e^{i\theta})\frac{1-|z|^2}{|z-e^{i\theta}|^2}d\theta, & z\in D\\ f(z), & z\in\partial D\end{cases}$$ 이면, u 는 $\overline{D}$ 에서 연속이고, D 에서는 조화함수이다.

즉, u 가 단위원 D 에 대한 Dirichlet 문제의 해(solution)이다.

증명) (1) 주장(claim) : u 는 D 에서 조화함수이다.

Poisson Kernel $P_z(e^{i\theta})=\frac{1-|z|^2}{|z-e^{i\theta}|^2}=\frac{e^{i\theta}}{e^{i\theta}-z}+\frac{e^{-i\theta}}{e^{-i\theta}-\bar{z}}-1$ 이므로,

$$u(z)=\frac{1}{2\pi}\int_0^{2\pi}f(e^{i\theta})\frac{e^{i\theta}}{e^{i\theta}-z}d\theta+\frac{1}{2\pi}\int_0^{2\pi}f(e^{i\theta})\frac{e^{-i\theta}}{e^{-i\theta}-\bar{z}}d\theta-\frac{1}{2\pi}\int_0^{2\pi}f(e^{i\theta})d\theta$$ 이다.

위 식에서, 첫 번째 항은 해석적 함수이므로, 조화함수이고, 두 번째 항은 해석적인 함수의 켤레 복소수 함수(anti-holomorphic function)이므로, 조화 함수이고, 세 번째 항은 상수함수이므로, 조화 함수이다.

그러므로 u 는 D 에서 조화함수이다.

(2) 주장(claim) : u 는 $\overline{D}$ 에서 연속 함수이다.

u 는 D 에서 조화함수이므로, u 는 D 에서 연속함수이다.

따라서 u 가 ∂D 에서 연속임을 보이면 충분하다.

고정된 $z_0 = e^{i\eta_0} \in \partial D$에 대하여, u의 정의에 의하여, $u(z_0) = f(z_0)$이다.

그런데, $\forall \epsilon > 0$, $\exists \delta > 0$: $|z - z_0| \Rightarrow$

$$|u(z) - u(z_0)| = \left| \frac{1}{2\pi} \int_0^{2\pi} f(e^{i\theta}) \frac{1-r^2}{|re^{i\eta} - e^{i\theta}|^2} d\theta - f(e^{i\eta_0}) d\theta \right|$$

$$= \left| \frac{1}{2\pi} \int_0^{2\pi} [f(e^{i\theta}) - f(e^{i\eta_0})] \frac{1-r^2}{|re^{i\eta} - e^{i\theta}|^2} d\theta \right|$$

$$\leq \left| \frac{1}{2\pi} \int_{|\theta - \eta_0| \leq 2\sigma} [f(e^{i\theta}) - f(e^{i\eta_0})] \frac{1-r^2}{|re^{i\eta} - e^{i\theta}|^2} d\theta \right|$$

$$+ \left| \frac{1}{2\pi} \int_{|\theta - \eta_0| \geq 2\sigma} [f(e^{i\theta}) - f(e^{i\eta_0})] \frac{1-r^2}{|re^{i\eta} - e^{i\theta}|^2} d\theta \right|$$

여기서, $\sigma > 0$는 아래에서 결정된다.

(a) $f(e^{i\theta})$가 균등 연속함수이므로, $\forall \epsilon > 0$, $\exists \sigma > 0$: $|\theta - \eta_0| \leq 2\sigma \Rightarrow |f(e^{i\theta}) - f(e^{i\eta_0})| < \epsilon$이다.

따라서

$$\left| \frac{1}{2\pi} \int_{|\theta - \eta_0| \leq 2\sigma} [f(e^{i\theta}) - f(e^{i\eta_0})] \frac{1-r^2}{|re^{i\eta} - e^{i\theta}|^2} d\theta \right|$$

$$\leq \epsilon \frac{1}{2\pi} \int_0^{2\pi} \frac{1-r^2}{|re^{i\eta} - e^{i\theta}|^2} d\theta = \epsilon$$ 이고,

(b) $|re^{i\eta} - e^{i\eta_0}| < \delta$이면, $|e^{i\theta} - re^{i\eta}| = |e^{i\theta} - e^{i\eta_0} - (re^{i\eta} - e^{i\eta_0})| \geq |e^{i\theta} - e^{i\eta_0}| - \delta$ 이다.

그리고 $\frac{\pi}{4} \leq |\theta - \eta_0| > 2\sigma$에 대하여,

$$|e^{i\theta} - e^{i\eta_0}|^2 = |1 - e^{i(\eta_0 - \theta)}|^2$$

$$= 2(1 - \cos(\eta_0 - \theta)) \geq \frac{|\eta_0 - \theta|^2}{2}$$

$> 2\sigma^2$이다.

또한, $|\theta - \eta_0| > \frac{\pi}{4}$이면, 충분히 작은 $\sigma > 0$에 대하여

$$|e^{i\theta} - e^{i\eta_0}|^2 = |1 - e^{i(\eta_0 - \theta)}|^2$$

$$= 2(1 - \cos(\eta_0 - \theta)) \geq \frac{|\eta_0 - \theta|^2}{2}$$

$> \frac{\pi^2}{32} > 2\sigma^2$이다.

그러므로 $|re^{i\eta} - e^{i\eta_0}| < \delta$와 $|\theta - \eta_0| \geq 2\sigma$에 대하여 $\delta \leq (\sqrt{2}-1)\sigma$로 택하면, $|e^{i\theta} - re^{i\eta}| \geq \sqrt{2}\sigma - \delta \geq \sigma$이다.

따라서 $\exists M > 0 : \sup_{\theta \in [0, 2\pi]} |f(e^{i\theta})| \leq M$이면,

$$|\frac{1}{2\pi}\int_{|\theta-\eta_0| \geq 2\sigma} [f(e^{i\theta}) - f(e^{i\eta_0})]\frac{1-r^2}{|re^{i\eta - e^{i\theta}}|^2} d\theta|$$

$$\leq \frac{1}{2\pi}\int_{|\theta-\eta_0| \geq 2\sigma} 2^{\theta \in [0, 2\pi]} |f(e^{i\theta})| \frac{1-r^2}{|re^{i\eta} - e^{i\theta}|^2} d\theta$$

$$\leq \frac{M}{\pi}\int_{|\theta-\eta_0| \geq 2\sigma} \frac{1-r^2}{\sigma^2} d\theta$$

$$\leq \frac{4M}{\sigma^2}(1-r^2) \leq \frac{4M}{\sigma^2}\delta < \epsilon. \ (\delta < \frac{\epsilon\sigma^2}{4M} \text{로 택하면})$$

$(\because (1-r) = |e^{i\eta} - re^{i\eta}| \leq |e^{i\eta_0} - re^{i\eta}| < \delta)$

그러므로 (a)와 (b)로부터,

$$|u(z) - u(z_0)| \leq |\frac{1}{2\pi}\int_{|\theta-\eta_0| \leq 2\sigma} [f(e^{i\theta}) - f(e^{i\eta_0})]\frac{1-r^2}{|re^{i\eta - e^{i\theta}}|^2} d\theta|$$

$$+ |\frac{1}{2\pi}\int_{|\theta-\eta_0| \geq 2\sigma} [f(e^{i\theta}) - f(e^{i\eta_0})]\frac{1-r^2}{|re^{i\eta - e^{i\theta}}|^2} d\theta|$$

$< 2\epsilon$이므로, u가 ∂D에서 연속이다.

6.2. 등각사상의 성질

정의 6.3

복소 함수 $f : \Omega \subset \mathbf{C} \to \mathbf{C}$가 $z = z_0 \in \Omega$에서 등각적(Conformal)이란 만약 $\exists \theta \in [0, 2\pi)$, $r > 0$: Ω에서의 임의의 곡선 $z(t)$가 $t = t_0$에서 미분가능하고, $z(t_0) = z_0$, $v = \dot{z}(t_0) \neq 0$, 곡선 $f(z(t))$가 $t = t_0$에서 미분가능하고, $u = \dot{f}(z(t_0))$이면 $|u| =$

$r|v|$, $\arg u = \arg v + \theta \pmod{2\pi}$ 를 만족할 때를 말한다.

정리 6.6

복소 함수 $f: \Omega \subset \mathbf{C} \to \mathbf{C}$가 해석적이고, $f'(z_0) \neq 0$이면, f는, $\theta = \arg f'(z_0)$, $r = |f'(z_0)|$ 인, z_0에서 등각적이다.

$\because u = f'(z_0)\dot{z}(t_0) = f'(z_0)v \Rightarrow \arg u = \arg f'(z_0) + \arg v \pmod{2\pi}$, $|u| = |f'(z_0)||v|$.

정리 6.7

영역 Ω에서 정의된 해석적 함수 f와 $z_0 \in \Omega$가 주어져 있고, $f'(z_0) \neq 0$이면 함수 f는 적당한 열린원판 $D(z_0, r)$에서 단사함수이다.

증명) 영역 Ω에서 정의된 해석적 함수 $f(\zeta)$에 대하여, $f'(\zeta) - f'(z_0)$의 원시함수가 $f(\zeta) - f'(z_0)\zeta$이므로, 원시함수의 존재성 정리에 의하여,

$f(\omega) - f(z) - f'(z_0)(\omega - z) = \int_z^\omega [f'(\zeta) - f'(z_0)]d\zeta$ 이다.

따라서 $\exists D = D(z_0, r) \subset \Omega$, $M_r = \max\{|f'(\zeta) - f'(z_0)| : \zeta \in \partial D(z_0, r)\}$:

$\forall z, \omega \in D$, $\left|\frac{f(\omega) - f(z)}{\omega - z} - f'(z_0)\right| \le \frac{1}{|\omega - z|}\int_z^\omega |f'(\zeta) - f'(z_0)||d\zeta| \le M_r$

이제 $f'(z_0) \neq 0$이면 f'의 연속성에 의하여, $\exists r > 0 : M_r < |f'(z_0)|$.

만일 $\omega, z \in D$에 대하여, $\omega \neq z$와 $f(w) = f(z)$가 동시에 성립하면,

$|f'(z_0)| \le M_r < |f'(z_0)|$ 가 되어 모순이다.

따라서 함수 $f(z)$는 열린원판 $D(z_0, r)$에서 단사함수이다.

정리 6.8 **[역함수의 정리]**

영역 Ω에서 정의된 해석적 함수 $f(z)$가 단사사상이면, 임의의 점 $z \in \Omega$에 대하여, $f'(z) \neq 0$이며, 역함수 $g: f(\Omega) \to \Omega$도 또한 해석적 함수이다.

정리 6.9 [Schwarz의 보조정리]

열린 단위원판 $\Delta = \{z \in \mathbf{C} : |z| < 1\}$에서 정의된 해석적 함수 $f : \Delta \to \Delta$가 $f(0) = 0$이고, $|f(z)| \le 1$이면, $|f(z)| \le |z|$, $\forall z \in \Delta$이고, $|f'(0)| \le 1$이다.

만일 위 두부등식 중에서 어느 하나가 등호가 성립하면,

즉, $|f(z)| = |z|$이거나, $\exists z_0 \in \Delta - 0 : |f'(0)| = 1$이면, f는 회전이동(rotation)이다, 다시 말하면,

$\exists \alpha \in \mathbf{C}$, $|\alpha| = 1 : f(z) = \alpha z$.

($\alpha \in \Delta - \{0\}$가 있으면, $f(z) = e^{i\theta} z$, $\theta \in \mathbf{R}$)

증명) $g(z) = f(z)/z$라고 가정하면, g는 0에서 제거가능 특이점을 갖는다.

$g(0) = f'(0)$라고 놓으면, $g : \Delta \to \mathbf{C}$는 해석적 함수이다.

$r < 1$일 때, 함수 $g_{|D(0,r)} : D(0, r) \subset \Delta \to \mathbf{C}$를 생각하면, $|z| = r$에 대하여,

$$|g(z)| = \left|\frac{f(z)}{z}\right| \le \frac{1}{r}, \quad |z| = r .$$

따라서 최대 절대값의 원리에 의하여, $|g(z)| \le \frac{1}{r}$, $\forall z$, $|z| \le r$.

그러므로 $r \to 1^-$로 보내면, $|g(z)| \le 1$, $\forall$ $|z| < 1$,

즉, $|f(z)| \le |z|$, $\forall z \in \Delta$.

더욱이, $|g(0)| \le 1$, 즉, $|f'(0)| \le 1$

$\exists z \neq 0 : |f(z)| = |z|$ 이면, $\exists z \in \Delta : |g(z)| = 1$이다.

따라서 최대 절대값 원리에 의하여, $g = \alpha =$ 상수, $|\alpha| = 1$ 이다.

그러므로 $f(z) = \alpha z$, $\forall z \in \Delta$.

끝으로, $|f'(0)| = 1$이면, $|g(0)| = 1$.

따라서 $g(z) = \alpha$이고, $f(z) = \alpha z$, $\forall z \in \Delta$, $|\alpha| = 1$.

정의 6.4

Ω_1과 Ω_2가 복소평면 $\mathbf{C}$에서 정의된 영역이고, 복소 함수 $f : \Omega_1 \to \Omega_2$가 해석적이 함수이고, 전단사(bijection) 이면, 함수 f를 양해석적 함수(biholomorphic function)라고 부른다.

정리 6.10

$a \in D = D(0, 1) = \{z \in \mathbf{C} : |z| < 1\}$에 대하여, 복소 함수 $\phi_a(z) = \dfrac{z-a}{1-\bar{a}z}$라고 정의하면,

(1) $\phi_a : D \to D$는 양해석적 함수이다, 즉, $\phi_a \in Aut(D)$,

여기서 $Aut(D) = \{f : D \to D\ ;\ 양해석적인\ 함수\}$로서 함수의 합성에 관하여 군(group)을 이룬다.

즉, $\phi_a^{-1} = \phi_{-a}$이며,

또한, $\phi_a(a) = 0$, $\phi_a(0) = -a$를 만족한다.

(2) $Aut(D) = \left\{\phi : \phi(z) = e^{i\theta}\phi_a(z),\ \theta \in \mathbf{R}\right\}$

증명) (1) $a \in C$, $|a| < 1$에 대하여, $\phi_a : D \to D$이고,

$\phi_a : \partial D \to \partial D$이며, $\phi_{-a} : D \to D$, $\phi_{-a} = \phi_a^{-1}$이므로, $\phi_a \in Aut(D)$, $\forall a \in D$이다.

특히, $\phi_a(a) = 0$, $\phi_a(0) = -a$를 만족한다.

(2) $f \in Aut(D)$이고, $f(0) = 0$, $g = f^{-1}$라고 가정하여, 두 함수 f와 g에 Schwarz 보조정리를 적용하면, $|f'(0)| \le 1$이고 $|g'(0)| \le 1$이다.

그런데, $f'(g(z))g'(z) = 1$이고 $g(0) = f^{-1}(0) = 0$이므로, $f'(0)g'(0) = 1$이다.

따라서 $|f'(0)| = |g'(0)| = 1$이다.

그러므로 Schwarz의 보조정리에 의하여, $f(z) = \alpha z$, $|\alpha| = 1$.

$f(0) = b$이고, $\phi = \phi_b \circ f$라고 가정하면, f, $\phi_b \in Aut(D)$이므로, $\phi \in Aut(D)$이며,

$\phi(0) = \phi_b \circ f(0) = \phi_b(b) = 0$이다.

그러므로 Schwarz의 보조정리에 의해서, $\phi_b(f(z)) = \alpha z$, $|\alpha| = 1$이다.

그런데, $\phi_b^{-1} = \phi_{-b}$이므로,

$$f(z) = \phi_{-b}(\alpha z) = \frac{\alpha z + b}{1 + b\alpha z} = \alpha \frac{z + b\bar{\alpha}}{1 + \bar{\bar{\alpha}}bz}$$

$$= \alpha\phi_{-\bar{\alpha}b}(z)\ 이다.$$

그러므로 $Aut(D) = \{\phi : \phi(z) = e^{i\theta}\phi_a(z),\ \theta \in \mathbf{R}\}$이다.

□ 참고 6.6 □

집합 $\mathrm{Aut}(\mathbf{C})=\{\phi:(\mathbf{C})\to(\mathbf{C})$)가 전단사이며, 해석적인 함수}가 함수의 합성 $\circ$ 에 관하여 군을 이루면, $\mathrm{Aut}(\mathbf{C})=\{\phi:\phi(z)=az+b,\ a\in\mathbf{C}-\{0\},\ b\in\mathbf{C}\}$ 이다.

이제, Schwarz의 보조정리의 확장인 Schwarz-Pick 보조정리를 소개하고자 한다.

정리 6.11 [Schwarz-Pick의 보조정리]

단위 원판 D 에 대하여, $f: D\to D$ 가 해석적인 함수이면,

$\forall z\in D,\ \dfrac{|f'(z)|}{1-|f(z)|^2}\le\dfrac{1}{1-|z|^2}$ 이다.

증명) $a,\ b\in D:\ f(a)=b$에 대하여, 함수 $g=\phi_b\circ f\circ\phi_{-a}$를 생각하면, $g: D\to D$ 이고, $g(0)=0$ 이다.

따라서 Schwarz의 보조정리에 의하여, $|g'(0)|\le 1$ 이다.

즉, $|\phi_b'(f(\phi_{-a}(0)))\cdot f'(\phi_{-a}(0))\cdot\phi_{-a}'(0)|\le 1$ 이다.

$\phi_c'(z)=\dfrac{1-|c|^2}{(1-\bar{c}z)^2}$ 이므로, $\left|\dfrac{1-|b|^2}{(1-\bar{b}f(a))^2}\cdot f'(a)(1-|a|^2)\right|\le 1$ 이다.

그래서 $\dfrac{|f'(a)|}{1-|f(a)|^2}\le\dfrac{1}{1-|a|^2}$ 이다

그런데 a는 D안의 임의의 복소수이므로, $\forall z\in D,\ \dfrac{|f'(z)|}{1-|f(z)|^2}\le\dfrac{1}{1-|z|^2}$ 이다.

정리 6.12

$f(z)=i\dfrac{1+z}{1-z},\ z\in D=\{z\in\mathbf{C}:\ |z|<1\}$ 이면,

$f: D\to U=\{z\in\mathbf{C}:\ z=x+iy,\ y>0\}$ 는 양해석적(biholomorphic)함수이다.

증명) $z\in D$ 에 대하여,

$$f(z)=i\frac{(1+z)(1-\bar{z})}{|1-z|^2}=i\frac{1-|z|^2+2i\mathrm{Im}(z)}{|1-z|^2}$$ 이다.

따라서 $\mathrm{Im}(f(z))=\dfrac{1-|z|^2}{|1-z|^2}>0,\ z\in D.$

$w=f(z)$ 라고 하면, $w=i\dfrac{1+z}{1-z}$ 이므로. $z=\dfrac{w-i}{w+i}=g(w)$ 이다.

그런데, $\mathrm{Im}(w)>0$ 이면, $|w-i|<|w+i|$ 이므로, $z\in D$ 이다.

$z=g(f(z))$, $z\in D$ 이고, $w=f(g(w))$ 이므로, $w\in U$ 이다.

그러므로 $f: D\to U$ 는 양해석적(biholomorphic) 함수이다.

정리 6.13

모든 선형 분수변환(또는 Moebius 변환) $F(z)=\dfrac{az+b}{cz+d}$, $a, b, c, d\in\mathbf{C}$, $ad-bc\neq 0$ 은

평행이동(translations) $T_b: z\mapsto z+b,\ b\in\mathbf{C}$,

역(inversions) $J: z\mapsto \dfrac{1}{z}$,

확대(dilations) $D_a: z\mapsto az,\ a\in\mathbf{C}-\{0\}$

의 합성함수이다.

증명) (1) $c=0$ 이면, $F(z)=\left(T_{\frac{b}{d}}\circ D_{\frac{a}{d}}\right)(z)$ 이다.

(2) $c\neq 0$ 이면, $ad\neq 0$ 이고,

$$F(z)=\frac{a}{c}\cdot\frac{z+\frac{b}{a}}{z+\frac{d}{c}}=\frac{a}{c}\left(\frac{z+\frac{d}{c}+\left(\frac{b}{a}-\frac{d}{c}\right)}{z+\frac{d}{c}}\right)$$

$$=\frac{a}{c}\left(\frac{\frac{b}{a}-\frac{d}{c}}{z+\frac{d}{c}}\right)+\frac{a}{c}$$

$$=\frac{\alpha}{z+\beta}+\gamma$$

$$=(T_\gamma\circ D_\alpha\circ J\circ T_\beta)(z).$$

정리 6.14

선형 분수변환은 직선과 원이 직선과 원에 대응된다.

증명) 직선의 방정식은 $\overline{\alpha}z+\alpha\overline{z}+c=0$, $\alpha\in\mathbf{C}-\{0\}$, $c\in\mathbf{R}$ 이고, 원의 방정식은 $z\overline{z}+\overline{\alpha}z+\alpha\overline{z}+C=0$, $|\alpha|^2>C\in\mathbf{R}$ 이다.

정리 6.13에 의해서,

(1) 평행이동 T_b에 대하여 성립한다.

(2) 확대 D_a에 대하여 생각해 보면, 직선은 직선에 대응된다.

원 : $z\overline{z}+\overline{\alpha}z+\alpha\overline{z}+C=0$, $|\alpha|^2>C\in\mathbf{R}$ 은 $|a|^2z\overline{z}+a\overline{\alpha}z+\overline{a}\alpha\overline{z}+C=0$,

즉, 원 : $z\overline{z}+\overline{\left(\frac{\alpha}{a}\right)}z+\frac{\alpha}{a}\overline{z}+\frac{C}{|a|^2}=0$, $\left|\frac{\alpha}{a}\right|^2>\frac{C}{|a|^2}$ 에 대응된다.

(3) 역 J에 대하여 생각해 보면,

직선 : $\overline{\alpha}z+\alpha\overline{z}+c=0$, $\alpha\in\mathbf{C}-\{0\}$, $c\in\mathbf{R}$ 은 $\frac{\overline{\alpha}}{z}+\frac{\alpha}{\overline{z}}+c=0$,

즉 $cz\overline{z}+\alpha z+\overline{\alpha}\overline{z}=0$ 에 대응되는데, $c=0$ 이면, 직선이고, $c\neq0$ 이면, $|\alpha|^2>0$ 이므로, 원이다.

끝으로, 원 : $z\overline{z}+\overline{\alpha}z+\alpha\overline{z}+C=0$, $|\alpha|^2>C\in\mathbf{R}$ 은 $\frac{1}{z\overline{z}}+\frac{\overline{\alpha}}{z}+\frac{\alpha}{\overline{z}}+C=0$,

즉, $Cz\overline{z}+\alpha z+\overline{\alpha}\overline{z}+1=0$ 에 대응된다.

$C=0$ 이면, 직선이고, $C\neq0$ 이면, $\left|\frac{\alpha}{C}\right|^2>\frac{1}{C}$ 이므로, 원이다.

정리 6.15

Riemann 구면 S^2 위의 서로 다른 세 점, z_1, z_2, z_3와 또 서로 다른 세 점 w_1, w_2, w_3에 대하여, $F(z_j)=w_j$, $j=1, 2, 3$을 만족하는 유일한 선형 분수변환이 존재한다.

증명) (1) F가 3개의 고정점(fixed point)을 갖으면, $F(z)=z$, $\forall z\in\mathbf{C}$.

∞가 F의 고정점 이면, $F\in\mathrm{Aut}(\mathbf{C})$ 이고, $F(z)=az+b$, $a\neq0$ 이다.

z_2, z_3가 다른 두 고정점이면,

$\begin{cases} az_1+b=z_1 \\ az_2+b=z_2 \end{cases}$의 해가 z_1 과 z_2이므로, $a=1$이고 $b=0$이다.

z_1, z_2, z_3가 F의 서로 다른 고정점일 때, 선형 분수변환 $L(z)=\dfrac{1}{z-z_3}$를 생각하면, $G=L\circ F\circ L^{-1}$은 3개의 고정점 $L(z_1)$, $L(z_2)$, $L(z_3)=\infty$을 갖는다.

그런데, $G(z)=z$ 이므로, $F(z)=z$ 이다.

(2) $F(z_j)=G(z_j)=w_j$, $j=1, 2, 3$를 만족하는 두 개의 선형 분수변환 F와 G가 존재한다고 가정하면, $F^{-1}\circ G$는 3개의 서로 다른 고정점 z_1, z_2, z_3 를 가지므로, $(F^{-1}\circ G)(z)=z$ 이다. 따라서 $F(z)=G(z)$ 이다.

(3) 끝으로, $F(z_j)=w_j$, $j=1, 2, 3$인 F가 존재함을 증명하면 되는데, 이것은 $\Phi(z_1)=0$, $\Phi(z_2)=\infty$, $\Phi(z_3)=1$이고, $\Psi(w_1)=0$, $\Psi(w_2)=\infty$, $\Psi(w_3)=1$인 Φ와 Ψ를 구축하는 것으로 충분하다 .

$\Phi(z)=\dfrac{z-z_1}{z-z_2}\cdot\dfrac{z_3-z_2}{z_3-z_1}$, $\Psi(w)=\dfrac{w-w_1}{w-w_2}\cdot\dfrac{w_3-w_2}{w_3-w_1}$으로 정의하고, $F=\Psi^{-1}\circ\Phi$로 정의하면, $F(z_j)=w_j$, $j=1, 2, 3$을 만족한다.

이절의 최종목표는 임의의 단순연결 영역 $\Omega\neq C$에서 단위원 D로의 전단사 해석적 함수 $F:\Omega\to D$가 존재한다는 Riemann 사상정리를 소개하는데 있다.

정리 6.16

열린 단위원판 $D=\{z:|z|<1\}$ 사이에 정의된 전단사 등각사상은

$f(z)=e^{i\theta}\phi_{z_0}(z)=e^{i\theta}\dfrac{z-z_0}{1-\overline{z_0}z}$, $\theta\in\mathbf{R}$, $|z_0|<$ 형태이다.

증명) $|z_0|<1$이고, $\phi_{z_0}(z)=\dfrac{z-z_0}{1-\overline{z_0}z}$라고 하면, ϕ_{z_0}는 폐 단위원판 $\overline{D}=\{z:|z|\leq 1\}$에서 해석적 함수이다.

한편, $|z|=1$이면, $|\phi_{z_0}(z)|=1$이다.

그리고 $|z|<1$ 이면, $|\phi_{z_0}(z)|<1$이다.

따라서 최대절대값의 원리에 의하여, $|z|\leq 1$이면, $|\phi_{z_0}(z)|\leq 1$이고, 열린사상

정리에 의하여, $|z|<1$이면, $|\phi_{z_0}(z)|<1$이다.

더욱이, ϕ_{z_0}는 역함수 $\phi_{w_0}^{-1}$를 갖는다: $\exists w_0 \in \mathbf{C}$, $|w_0|<1$; $z=\phi_{w_0}^{-1}(w)$.

그러므로 ϕ_{z_0}는 D에서 D 자신으로의 양해석적인 함수(analytic automorphism)이다.

그런데 $f \circ \phi_{w_0}^{-1}$는 D에서 양해석적 함수이고, $(f \circ \phi_{w_0}^{-1}(0))=0$이다.

간략하게 $\phi_{w_0}^{-1}=\phi^{-1}$로 표시하고, $h(w)=f(\phi^{-1}(w))$라고 하면, $h(w)=e^{i\theta}w$임을 보이면 충분하다.

그런데, Schwarz의 보조정리에 의하여, $|z|<1$이면, $|h(z)| \le |z|$이고,

$h^{-1}(0)=0$이므로, $|z| \le |h(z)|$이다.

따라서 $|h(z)|=|z|$.

Schwarz 보조정리의 두 번째 부분에 의하여, $\exists \theta \in \mathbf{R}$: $h(z)=e^{i\theta}z$이다.

정리 6.17 [Riemann 사상정리(Riemann Mapping Theorem)]

복소평면의 진부분집합이며, 단순연결 영역인 Ω와 한 점 $z_0 \in \Omega$가 주어지면, $f(z_0)=0$, $f'(z_0)>0$을 만족하는 전단사 등각사상 $f: \Omega \to D=\{z: |z|<1\}$이 유일하게 존재한다.

예제 6.2

$\Omega=\{z \in \mathbf{C}: 0<\mathrm{Re}(z)<1\}$와 $D=\{z: |z|<1\}$는 등각적으로 동치(conformally equivalent)이다. 왜냐하면, Ω가 복소평면의 진부분집합으로, 단순연결 영역이므로, Riemann 사상정리에 의하여, Ω로부터 D로의 전단사 등각사상이 존재하기 때문이다.

연습문제

1. $u(x, y) = e^x \cos(y)$가 조화함수임을 보이고 u의 켤레 조화함수(harmonic conjugate) $v(x, y)$도 구하라.

2. 다음 함수들의 등각적(conformal)인 점을 구하라.

(a) $f(z) = e^z$.

(b) $f(z) = \dfrac{1}{z}$.

(c) $f(z) = \dfrac{z+1}{z-1}$.

3. $z_1 = -i$, $z_2 = 0$, $z_3 = i$가 각각 $w_1 = -1$, $w_2 = i$, $w_3 = 1$에 대응되는 Moebius 변환 $w = f(z)$를 구하라.

An Introduction To Complex Analysis

연습문제 풀이

1. (a) $1+\cos\theta+\cos 2\theta+\cdots+\cos n\theta=\mathrm{Re}(1+e^{i\theta}+\cdots+e^{n\theta})=\mathrm{Re}\left(\frac{e^{i(n+1)\theta}-1}{e^{i\theta}-1}\right)$

$$=\mathrm{Re}\left(\frac{e^{i(n+1/2)\theta}-e^{-i\theta/2}}{e^{i\theta/2}-e^{-i\theta/2}}\right)$$

$$=\mathrm{Re}\left(\frac{ie^{-i\theta/2}-ie^{i(n+1/2)\theta}}{2\sin(\theta/2)}\right)$$

$$=\frac{\sin(\theta/2)+\sin(n+1/2)\theta}{2\sin(\theta/2)}$$

$$=\frac{1}{2}+\frac{\sin(n+1/2)\theta}{2\sin(\theta/2)}$$ 이고,

같은 방법으로,

(b) $\sin\theta+\sin 2\theta+\cdots+\sin n\theta=\mathrm{Im}(e^{i\theta}+e^{i2\theta}+\ldots+e^{n\theta})=\mathrm{Im}\left(\frac{e^{i(n+1)\theta}-1}{e^{i\theta}-1}\right)$

$$=\mathrm{Im}\left(\frac{e^{i(n+1/2)\theta}-e^{-i\theta/2}}{e^{i\theta/2}-e^{-i\theta/2}}\right)=\mathrm{Im}\left(\frac{ie^{-i\theta/2}-ie^{i(n+1/2)\theta}}{2\sin(\theta/2)}\right)$$

$$=\frac{\cos(\theta/2)-\cos(n+1/2)\theta}{2\sin(\theta/2)}$$ 이다.

2. De Moivre의 정리에 의하여, $(\cos\theta+i\sin\theta)^3=\cos 3\theta+i\sin 3\theta$ 이므로,

(a) $\cos 3\theta=\cos^3\theta-3\cos\theta\sin^2\theta$ 이고,

(b) $\sin 3\theta=3\cos^2\theta\sin\theta-\sin^3\theta$ 이다.

3. (a) $z^3=1=e^{i2k\pi}$, $k=0, 1, 2$ 이므로, $z_k=e^{i2k\pi/3}$, $k=0, 1, 2$ 이다.

즉, $z_0=1$, $z_1=-1/2+i\frac{\sqrt{3}}{2}$, $z_2=-\frac{1}{2}-i\frac{\sqrt{3}}{2}$.

(b) $(z-i5/2)^2=3i-1-25/4=-\frac{29}{4}+3i$ 이므로,

$$z-\frac{5}{2}i=\pm\sqrt{\frac{-29}{4}+3i},$$

$$z=\pm\sqrt{-\frac{29}{4}+3i}+\frac{5}{2}i.$$

4. $-2+2\sqrt{3}i = |-2+2\sqrt{3}i| e^{i2/3\pi} = 4e^{i2/3\pi}$ 이므로,

$\sqrt{-2+2\sqrt{3}i} = (4e^{i2/3\pi})^{1/2} = 2e^{i\pi/3} = 2(\cos(\pi/3) + i\sin(\pi/3))$ 이다.

따라서 $\mathrm{Re}(\sqrt{-2+2\sqrt{3}i}) = 2\cos(\pi/3) =$ 이다.

5. (a) $\mathrm{Arg}(-1+\sqrt{3}i) = \dfrac{2\pi}{3}$,

(b) $\mathrm{Arg}(2+2i) = \dfrac{\pi}{4}$,

(c) $\mathrm{Arg}(-3i) = -\dfrac{\pi}{2}$.

6. $z_1 = Re^{i\phi}$ 이고, $z_2 = re^{i\theta}$ 일 때,

$$\mathrm{Re}\left(\frac{z_1+z_2}{z_1-z_2}\right) = \frac{1}{2}\left\{\left(\frac{z_1+z_2}{z_1-z_2}\right) - \overline{\left(\frac{z_1+z_2}{z_1-z_2}\right)}\right\}$$

$$= \frac{|z_1|^2 - |z_2|^2}{|z_1-z_2|^2}$$

$$= \frac{|z_1|^2 - |z_2|^2}{|z_1|^2 + |z_2|^2 - 2\mathrm{Re}(\overline{z_1}z_2)}$$

$$= \frac{R^2 - r^2}{R^2 - 2Rr\cos(\theta-\phi) + r^2},\quad 0 < r < R.$$

7. (a) $\left(\dfrac{2+i}{3-i}\right)^2 = \left(\dfrac{(2+i)(3+i)}{(3-i)(3+i)}\right)^2 = \dfrac{1}{100}(5+5i)^2 = \dfrac{1}{100}(50i) = i/2.$

(b) $$\frac{3-i}{2+i} + \frac{3+i}{2-i} = \frac{(3-i)(2-i)}{(2+i)(2-i)} + \frac{(3+i)(2+i)}{(2-i)(2+i)}$$

$$= \frac{(5-5i)+(5+5i)}{5}$$

$$= 2.$$

8. $z = x+iy$ 이면, $z-i = x+i(y-1)$ 이고, $\overline{z}+i = x-i(y-1)$ 이므로,

$(z-i)(\overline{z}+i) = (x+i(y-1))(x-i(y-1)) = x^2+(y-1)^2$ 이다.

따라서 $(z-i)(\overline{z}+i) = 9$ 는 $x^2+(y-1)^2 = 3^2$ 이다.

그러므로 위 방정식은 중심이 $i=(0, 1)$ 이고 반지름이 3인 원을 나타낸다.

9. $a\neq 0$, b, c에 대하여,

$$az^2+bz+c=a\left(z+\frac{b}{2a}\right)^2+\left(\frac{4ac-b^2}{4a}\right)=0,$$

$$\left(z+\frac{b}{2a}\right)^2=\frac{b^2-4ac}{4a^2},$$

$$z+\frac{b}{2a}=\pm\sqrt{\frac{b^2-4ac}{4a^2}}=\pm\frac{\sqrt{b^2-4ac}}{2a}$$ 이다.

그러므로 $z=\dfrac{-b\pm\sqrt{b^2-4ac}}{2a}$.

10. (a) $|z|=1$ 이면, $|z|^2=z\cdot\bar{z}=1$ 이므로,

$\bar{z}=\dfrac{1}{z}$ 이고,

$\bar{z}=\dfrac{1}{z}$ 이면, $|z|^2=z\cdot\bar{z}=1$ 이므로,

$|z|=1$ 이다.

(b) $z=x=x+i\,0$, x는 실수

$\Leftrightarrow z=\bar{z}=x$

(c) (1) $z=x$, x가 실수 $\Leftrightarrow$ $z=\bar{z}=x$ $\Leftrightarrow$ $(\bar{z})^2=z^2=x^2$이고,

(2) $z=iy$ $\Leftrightarrow$ $(\bar{z})^2=z^2=-y^2$

11. 다항식 $p(z)=a_0+a_1z+\cdots+a_nz^n$ 에 대하여,

(a) $\overline{p(z)}=\overline{a_0+a_1z+\cdots+a_nz^n}$

$=\overline{a_0}+\overline{a_1}\,\bar{z}+\cdots+\overline{a_n}\,\overline{z^n}$

$=a_0+a_1\bar{z}+\cdots+a_n\overline{z^n}$ $(\because a_i\in\mathbf{R})$

$=p(\bar{z})$.

(b) $p(z)=0$ $\Leftrightarrow$ $a_0+a_1z+\cdots+a_nz^n=0$

$\Leftrightarrow$ $\overline{a_0}+\overline{a_1z}+\cdots+\overline{a_nz^n}=0$

$\Leftrightarrow\ a_0 + a_1\bar{z} + \cdots + a_n\overline{z^n} = 0$

$\Leftrightarrow\ p(\bar{z}) = 0.$

12. $z^2 + 2z + (1-i) = 0$ 이면,

$(z+1)^2 = i$,

$z+1 = \pm\sqrt{i}$.

$z = -1 \pm \sqrt{i}$, $i = e^{i\left(\frac{\pi}{2}+2k\pi\right)}$, $k = 0, 1$.

$z = -1 \pm e^{i\left(\frac{\pi}{4}+k\pi\right)}$, $k = 0, 1$.

13. $2|z| = |z+i|$, $z = x+iy$

$\Leftrightarrow\ 4(x^2+y^2) = x^2 + (y+1)^2$

$\Leftrightarrow\ 3x^2 + 3y^2 - 2y - 1 = 0$

$\Leftrightarrow\ x^2 + \left(y - \frac{1}{3}\right)^2 = \left(\frac{2}{3}\right)^2$

그러므로 중심이 i/3이고 반지름이 2/3인 원이다.

14. $|z| = 2$ 일 때,

$$\left|\frac{1}{z^2-1}\right| \le \frac{1}{||z|^2-1|} = \frac{1}{3},\quad \forall z \in C.$$

15. k가 임의의 정수일 때, $i^{4k} = (i^4)^k = 1^k = 1$ 이므로,

$i^{4k+1} = i$, $i^{4k=2} = i^2 = -1$, $i^{4k+3} = i^3 = -i$ 이다.

16. $z = x+iy$, $x = \mathrm{Re}(z) > 0$ 이면,

$\frac{1}{z} = \frac{x}{x^2+y^2} - i\frac{y}{x^2+y^2}$ 이므로,

$\mathrm{Re}\left(\frac{1}{z}\right) = \frac{x}{x^2+y^2} > 0$ 이다.

17. (a) $|\mathrm{Arg}(z)| < \frac{\pi}{4}$: 영역

(b) $0 < |z-2| < 3$: 영역

(c) $-1 < \mathrm{Im}(z) \le 1$: 영역이 아니다.

18. (a) $2+2i = \sqrt{8}\,e^{i\frac{\pi}{4}}$, $-\sqrt{3}+i = 2e^{i\frac{2\pi}{3}}$ 이므로,

$$\frac{2+2i}{-\sqrt{3}+i} = \frac{\sqrt{8}}{2}e^{i\left(\frac{\pi}{4}-\frac{2\pi}{3}\right)} = \sqrt{2}\,e^{-i\frac{5\pi}{12}}.$$

(b) $2i = 2e^{i\frac{\pi}{2}}$, $3\exp(4+i) = 3e^4e^i$ 이므로,

$$\frac{2i}{3e^{3+i}} = \frac{2}{3e^4}e^{i\left(\frac{\pi}{2}-1\right)}$$

19. (a) $2iz = 4$ 이므로, $z = 4/(2i) = -2i$.

(b) $z = (1-5i)(1-z)$ 이므로, $(2-5i)z = 1-5i$

따라서 $z = \frac{1-5i}{2-5i} = \frac{(1-5i)(2+5i)}{29} = \frac{27}{29} - i\frac{5}{29}$.

(c) $z[(2-i)+8z] = 0$이므로, $z = 0$ or $z = 2-i/(-8) = -1/4+i/8$.

(d) $z^2 = -25$이므로, $z = 5i$ or $-5i$

20. De Moivre의 정리에 의하여,

$$\left[\cos\left(\frac{2\pi}{9}\right)+i\sin\left(\frac{2\pi}{9}\right)\right]^6 = \left[\cos\left(6\frac{2\pi}{9}\right)+i\sin\left(6\frac{2\pi}{9}\right)\right]$$
$$= \cos\left(\frac{4\pi}{3}\right)+i\sin\left(\frac{4\pi}{3}\right)$$
$$= -\cos\left(\frac{\pi}{3}\right)-i\ \sin\left(\frac{\pi}{3}\right)$$
$$= -1/2 - \frac{\sqrt{3}}{2}i.$$

1. $u_n = \dfrac{nz^n}{2^n}$ 이라고 하면,

$$r = \lim_{n\to\infty} \left| \frac{u_{n+1}}{u_n} \right| = \lim_{n\to\infty} \left| \frac{(n+1)z^{n+1}/2^{n+1}}{nz^n/2^n} \right|$$

$$= \frac{|z|}{2} \lim_{n\to\infty} \frac{n+1}{n} = \frac{|z|}{2}$$ 이므로,

멱급수 $\sum_{n=0}^{\infty} \dfrac{nz^n}{2^n}$ 는 $|z| < 2$ 이면 수렴하고, $|z| > 2$ 이면 발산한다.

따라서 수렴반경 R은 2이다.

2. $u_n = n!z^n$ 이라고 하면,

$$r = \lim_{n\to\infty} \left| \frac{u_{n+1}}{u_n} \right| = \lim_{n\to\infty} \left| \frac{(n+1)!z^{n+1}}{n!z^n} \right|$$

$$= |z| \lim_{n\to\infty} (n+1) = \infty$$ 이므로,

멱급수 $\sum_{n=0}^{\infty} n!z^n$ 는 $z = o$ 에서만 수렴한다.

따라서 수렴반경 $R = 0$ 이다.

3. 기하급수의 수렴성에 의해서, $|2z^2| < 1$ 일 때, 즉, $|z| < \dfrac{1}{\sqrt{2}}$ 일 때,

멱급수 $\sum_{n=0}^{\infty} 2^n z^{2n} = \dfrac{1}{1-2z^2}$ 이므로,

따라서 수렴반경 $R = \dfrac{1}{\sqrt{2}}$ 이다 .

4. 복소 수열 $\{z_n\}$ 이 z_0 에 수렴하므로, $\forall \epsilon > 0$ 에 대하여, $\exists N \in \mathbf{N} : n \geq N \Rightarrow |z_n - z_0| < \epsilon$ 이다.

그러므로 $\forall \epsilon > 0$ 에 대하여, $\exists N \in \mathbf{N} :\ n \geq N \Rightarrow \left| \dfrac{1}{z_n} - \dfrac{1}{z_0} \right| = \dfrac{|z_n - z_0|}{|z_0||z_n|} \leq \dfrac{|z_n - z_0|}{|z_0|A}$

$< \dfrac{\epsilon}{|z_0|A}$ 이다.

ϵ은 임의의 충분히 작은 양수이므로, 복소 수열 $\left\{\frac{1}{z_n}\right\}$은 복소수 $\frac{1}{z_0}$에 수렴한다.

5. (a) $|z| \le 1$이므로, $\left|\frac{z^n}{n^2}\right| \le \frac{1}{n^2}$이다.

$M_n = \frac{1}{n^2}$이라고 하면, $\sum_{n=1}^{\infty} M_n = \sum_{n=1}^{\infty} \frac{1}{n^2}$은 p-급수 판정법에 의하여 수렴한다.

따라서 Weierstrass의 M-판정법에 의하여, $\sum_{n=1}^{\infty} \frac{z^n}{n^2}$은 $\overline{D(0, 1)}$에서 균등수렴한다.

(b) $|z| \ge 2$이므로, $\left|\frac{1}{z^n}\right| \le \frac{1}{2^n}$이다.

$M_n = \frac{1}{2^n}$이라고 하면, $\sum_{n=0}^{\infty} M_n$은 수렴한다.

따라서 Weierstrass의 M-판정법에 의하여,

$\sum_{n=0}^{\infty} \frac{1}{z^n}$은 A에서 균등수렴 한다.

(c) $|z| \le r < 1$이므로, $\left|\frac{z^n}{z^n+1}\right| \le \frac{1}{r^n}$이다.

$M_n = \frac{1}{r^n}$이라고 하면, $0 \le r < 1$이므로, $\sum_{n=0}^{\infty} M_n$은 수렴한다.

따라서 Weierstrass의 M-판정법에 의하여, $\sum_{n=0}^{\infty} \frac{z^n}{z^n+1}$은 $\overline{D(0, r)}$에서 균등수렴 한다.

6. (a) $3(1-i)$

(b) $\frac{3}{5}$

7. $z_n \to z_0$이면, $z_{n-1} \to z_0$이므로, $\lim_{n\to\infty}(z_n - z_{n-1}) = \lim_{n\to\infty} z_n - \lim_{n\to\infty} z_{n-1} = z_0 - z_0 = 0$이다.

8. $|3+2i| = \sqrt{13} < 4$이고,

$n \ge 3$일 때, $\left|\frac{3+2i}{(n+1)^n}\right| < \frac{4}{(n+1)^n} < \frac{1}{2^n}$이므로,

따라서 $\sum_{n=0}^{\infty}\frac{1}{2^n}$ 이 수렴하므로,

비교 판정법에 의하여, $\sum_{n=0}^{\infty}\frac{3+2i}{(n+1)^n}$ 는 수렴한다.

9. $z_0 \neq 0$ 이고, $\left|\frac{z}{z_0}\right| < 1$ 이므로,

$$\sum_{n=0}^{\infty}\left(\frac{z}{z_0}\right)^n = \frac{1}{1-\frac{z}{z_0}} = \frac{z_0}{z_0 - z}, \quad |z| < |z_0|.$$

10. $\forall \epsilon > 0,\ \exists N \in \mathbf{N} : n \geq N \Rightarrow$

$$\left|\sum_{k=n+1}^{\infty}\left(\frac{z}{z_0}\right)^k\right| = \left|\frac{(z/z_0)^{n+1}}{1-z/z_0}\right| \leq \frac{(r/|z_0|)^{n+1}}{1-r/|z_0|}, \quad |z| \leq r < |z_0|$$

$\to 0$ as $n \to \infty$, $(\because r < |z_0|)$

그러므로 $\sum_{n=0}^{\infty}\left(\frac{z}{z_0}\right)^n$ 은 $\overline{D(0, r)}$ 에서 균등수렴한다.

11. (a) $|z| < 3$일 때, $\left|\frac{z}{3}\right| < 1$ 이므로,

$$\lim_{n\to\infty} f_n(z) = \lim_{n\to\infty}\frac{(z/3)^n}{(z/3)^n - 1} = 0.$$

(b) $|z| > 3$일 때, $\left|\frac{3}{z}\right| < 1$ 이므로,

$$\lim_{n\to\infty} f_n(z) = \lim_{n\to\infty}\frac{1}{1-(3/z)^n} = 1.$$

12. (a) $u_n = (n+1)\frac{(z-1)^n}{2^n}$ 이라고 하면,

$$r = \lim_{n\to\infty}\left|\frac{u_{n+1}}{u_n}\right| = \lim_{n\to\infty}\left|\frac{(n+2)}{n}\frac{\frac{(z-1)^{n+1}}{2^{n+1}}}{\frac{(z-1)^n}{2^n}}\right|$$

$= \frac{|z-1|}{2}$ 이다.

$r<1$ 이면, 즉, $|z-1|<2$ 이면,

$\sum_{n=0}^{\infty}(n+1)\frac{(z-1)^n}{2^n}$ 은 수렴하므로.

수렴 원판(disk of convergence)은 $D(1, 2)=\{z : |z-1|<2\}$이다.

(b) $\frac{2}{3-z}=\frac{2}{2-(z-1)}=\frac{1}{1-\frac{z-1}{2}}=\sum_{n=0}^{\infty}\left(\frac{z-1}{2}\right)^n$, $|z-1|<2$.

(c) (b)를 미분하면, $\frac{2}{(3-z)^2}=\frac{1}{2}+\frac{2(z-1)}{4}+\frac{3(z-1)^2}{8}+\cdots$

위식의 양변에 2를 곱하면,

$\frac{4}{(3-z)^2}=1+\frac{2(z-1)}{2}+\frac{3(z-1)^2}{4}+\cdots$ 이므로,

$f(z)=\frac{4}{(3-z)^2}$ 이다.

13. 수렴반경 R은 $z_0=i$로부터 가장 가까이 있는 특이점과의 거리이므로,

$R=|i-1|=|i-(-1)|=\sqrt{2}$ 이다.

14. $\{a_n\}_{n=0}^{\infty}$이 유계 복소 수열이므로, $\exists M>0 : |a_n| \le M, \ \forall n=0, 1, 2, \ldots$

따라서 $A=\lim_{n\to\infty}\sup|a_n|^{1/n} \le \lim_{n\to\infty}\sup M^{1/n}=1$ 이다.

그래서 수렴반경 $R=\frac{1}{A}\ge 1$이다.

그러므로 $|z|<1$ 일 때, $\sum_{n=0}^{\infty}a_n z^n$ 은 수렴한다.

Chapter 03

1. (a) $w=\cos^{-1}(z) \Rightarrow \cos(w)=z \Rightarrow \frac{e^{iw}+e^{-iw}}{2}=z$

$\Rightarrow e^{iw}-2z+e^{-iw}=0$

$\Rightarrow (e^{iw})^2-2ze^{iw}+1=0$

$\zeta = e^{iw}$ 라고 하면, $\zeta^2 - 2z\zeta + 1 = 0$ 이므로,

$\zeta = z \pm \sqrt{z^2 - 1}$, $w = \frac{1}{i}\log(z \pm \sqrt{z^2-1})$

그러므로 $\cos^{-1}(z) = -i\log(z \pm \sqrt{z^2-1})$

(b) (a)로부터, $\text{p.v.}(\cos^{-1}(z)) = \frac{1}{i}\,\text{Log}(z + \text{p.v.}(\sqrt{z^2-1}))$

이 가지(branch)는 $z^2 - 1$ 이 0 이거나 음의 실수가 아닐 때 미분가능하다.

2. (a) z가 중심이 원점인 단위원 위에 있으면, 즉, $|z| = 1$이면,

$|z-i| = |(z-i)-(-i)| = 1$ 이므로, $z-i$는 중심이 $-i$이고 반지름이 1인 원 위에 있다.

(b) $\frac{1}{z-i}$ 는 $\frac{i}{2}\left(= \frac{1}{-2i}\right)$를 지나는 수평선 위에 있다.

(c) $\frac{2i}{z-i}$ 는 $\frac{1}{z-i}$ 의 크기를 2배 증가시키고, 편각을 $\frac{\pi}{2}$ 만큼 회전시킨 것이므로, $\frac{2i}{z-i}$ 는 -1을 지나는 수직선 위에 있다.

(d) $w = \frac{z+i}{z-i} = 1 + \frac{2i}{z-i}$ 는 원점을 지나는 수직선 위, 즉, 허수축 위에 있다.

3. $w = f(z) = \frac{iz+1}{z+i} = 2\left(\frac{1}{z+i} + \frac{i}{2}\right)$, $f(i) = 0$.

2번에서처럼 분해해서 생각해보면,

$z \mapsto z+i \mapsto \frac{1}{z+i} \mapsto \frac{1}{z+i} + \frac{i}{2} \mapsto 2\left(\frac{1}{z+i} + \frac{i}{2}\right)$ 이고,

$f : \{z : \text{Im}(z) > 0\} \to \{w : |w| = 1\}$ 이다.

4. $f(z) = \frac{az+b}{cz+d}$, $ad - bc \neq 0$ 에 대하여,

$f(-1) = -1$, $f(0) = i$, $f(1) = 1$ 이므로,

$-a+b = c-d$, $b = id$, $a+b = c+d$ 이다.

즉, $a = d = 1$, $b = c = i$.

그러므로 $f : \{z : \text{Im}(z) = 0\} \to \{z : |z| = 1\}$ 이고, $f(z) = \frac{z+i}{iz+1}$ 이다.

5. $(1+i)^{1/2} = \exp\left[\frac{1}{2}\log(1+i)\right]$

$$= \exp\left[\frac{1}{2}\left(\ln\sqrt{2} + i\left(\frac{\pi}{4} + 2k\pi\right)\right)\right], \ k=0, \ 1.$$

$$= \exp\left[\ln 2^{1/4} + i\left(\frac{\pi}{8} + k\pi\right)\right], \ k=0, \ 1.$$

그러므로 $2^{1/4}e^{i\frac{\pi}{8}}$ 와 $2^{1/4}e^{i\frac{9\pi}{8}}$ 이다.

6. $\sin(z) = \dfrac{e^{iz} - e^{-iz}}{2i} = 1$이므로,

$e^{iz} - 2i - e^{-iz} = 0$, 즉, $(e^{iz})^2 - 2ie^{iz} - 1 = 0$ 이다.

$\zeta = e^{iz}$ 라고 놓으면, $\zeta^2 - 2i\zeta - 1 = 0$.

$\zeta = i \pm \sqrt{i^2+1} = i$ (이중근), 즉, $e^{iz} = i = e^{i\left(\frac{\pi}{2}+2k\pi\right)}$ 이므로,

$z = \dfrac{\pi}{2} + 2k\pi$, $k \in \mathbf{Z}$.

7. 이항급수 $\sum_{n=0}^{\infty}\binom{\alpha}{n}z^n$ 은 α가 음이 아닌 정수가 아니면, 수렴반경 $R=1$이고, α가 자연수이면 $R=\infty$ 이고,

복소 함수 $f(z) = (1+z)^\alpha = e^{\alpha(\log(1+z))}$

$$= \exp[\alpha(\log|1+z| + i\arg(1+z)]$$ 는

$\arg(1+z) \in \left(-\frac{\pi}{2}, \frac{\pi}{2}\right)$에서, 즉 $\mathrm{Re}(1+z) > 0$ 에서 해석적인 함수이다.

따라서 복소 함수 $(1+z)^\alpha$와 이항급수 $\sum_{n=0}^{\infty}\binom{\alpha}{n}z^n$는 $|z|<1$에서 해석적 함수이고 집합 $\{|z|<1, \ \mathrm{Im}(z)=0\}$에서 일치하므로, 해석적 연속성의 원리에 의하여, $|z|<1$에서 두 함수는 일치한다.

8. $f(x+iy) = u(x, y) + iv(x, y)$ 이고, $v(x, y) = 0$ 이므로, Cauchy-Riemann 방정식에 의하여,

$u_x = v_y = 0$ 이고, $u_y = -v_x = 0$ 이다.

따라서 $u(x, y) = a =$실수 상수 이다.

그러므로 $f(x+iy)$ 도 상수함수이다.

9. $f(x+iy)=u(x, y)+iv(x, y)$ 이면, $\overline{f(x+iy)}=u(x, y)-iv(x, y)$ 이고, f 와 $\bar{f}$ 가 각각 Cauchy-Riemann 방정식을 만족하므로, $u_x=v_y$, $u_y=-v_x$ 이고, $u_x=-v_y$, $u_y=v_x$ 이다.

따라서 $u_x=u_y=0$ 이고, $v_x=v_y=0$ 이다.

그러므로, $u=a=$실수상수, $v=b=$ 실수상수이므로, $f(x+iy)=a+ib=$ 복소상수 함수이다.

10. (a) $u_x=v_y=2x$ 이므로, $v(x, y)=2xy+\phi(x)$ 이다.

그런데, $v_x=-u_y=2y$ 이므로, $2y+\phi'(x)=2y$, 즉, $\phi'(x)=0$ 이다.

따라서 $\phi(x)=c=$실수 상수.

그러므로 $v(x, y)=2xy+c$.

(b) $u_x=v_y=\cos x\cosh y$ 이므로, $v(x, y)=\cos x\sinh y+\phi(x)$ 이다.

그런데, $v_x=-u_y=-\sin x\sinh y$이므로,

$-\sin x\sinh y+\phi'(x)=-\sin x\sinh y$, 즉, $\phi'(x)=0$ 이다.

따라서 $\phi(x)=c=$ 실수 상수.

그러므로 $v(x, y)=\cos x\sinh y+c$.

(c) $u_x=v_y=4x+1$ 이므로, $v(x, y)=4xy+y+\phi(x)$ 이다.

그런데, $v_x=-u_y=4y$ 이므로,

$4y+\phi'(x)=4y$, 즉, $\phi'(x)=0$ 이다.

따라서 $\phi(x)=c=$ 실수 상수.

그러므로 $v(x, y)=4xy+y+c$.

11. $F:\mathbf{C}-\left\{z=-\frac{d}{c}\right\}\to\mathbf{C}-\left\{w=\frac{a}{c}\right\}$가 선형분수변환(=Moebius 변환)일 때, 즉, $F(z)=w=\frac{az+b}{cz+d}$, $ad-bc\neq 0$.

(a) F 는 단사함수(injective function)이다 :

$$F(z_1)=F(z_2)\Rightarrow\frac{az_1+b}{cz_1+d}=\frac{az_2+b}{cz_2+d}$$

$$\Rightarrow(az_1+b)(cz_2+d)=(az_2+b)(cz_1+d)$$

$\Rightarrow (ad-bc)(z_1-z_2)=0$

$\Rightarrow z_1=z_2$ ($\because$ $ad-bc\neq 0$)

(b) F는 전사함수(surjective function) 이다 :

$\forall w\in \mathbf{C}-\left\{w=\frac{a}{c}\right\}$, $\exists z\in \mathbf{C}-\left\{z=-\frac{d}{c}\right\}$: $w=F(z)$

(c) (a) 와 (b) 로부터, $\exists F^{-1}$: $\mathbf{C}-\left\{w=\frac{a}{c}\right\}\rightarrow \mathbf{C}-\left\{z=-\frac{d}{c}\right\}$, $F^{-1}(w)=\frac{dw-b}{-cw+a}$ 이다.

왜냐하면, $w=\frac{az+b}{cz+d}$ 이면, $(a-cw)z=dw-b$이므로, $z=\frac{dw-b}{-cw+a}$ 이고, $w\neq\frac{a}{c}$ 이기 때문이다.

12. (a) $\sin(z)=\sin(x+iy)=\sin x\cos(iy)+\cos x\sin(iy)$

$=\sin x\cosh y+i\cos x\sinh y$

($\because$ $\cos(iy)=\cosh y$, $\sin(iy)=i\sinh y$)

(b) $\cos(z)=\cos(x+iy)=\cos x\cos(iy)-\sin x\sin(iy)$

$=\cos x\cosh y-i\sin x\sinh y$

(c) $\overline{\sin(z)}=\sin x\cosh y-i\cos x\sinh y$ 이고,

$\sin(\bar{z})=\sin(x-iy)=\sin x\cos(-iy)+\cos x\sin(-iy)=\sin x\cos(iy)-\cos x\sin(iy)$

$=\sin x\cosh y-i\cos x\sinh y$ 이므로,

$\overline{\sin(z)}=\sin(\bar{z})$ 이다.

(d) $\overline{\cos(z)}=\cos x\cosh y+i\sin x\sinh y$ 이고,

$\cos(\bar{z})=\cos(x-iy)=\cos x\cos(-iy)-\sin x\sin(-iy)=\cos x\cos(iy)+\sin x\sin(iy)$

$=\cos x\cosh y+i\sin x\sinh y$ 이므로,

$\overline{\cos(z)}=\cos(\bar{z})$ 이다.

13. $\sin(z)=\frac{e^{iz}-e^{-iz}}{2i}=0$ 이므로, $e^{iz}-e^{-iz}=0$, 즉, $(e^{iz})^2=1$.

$e^{iz}=\pm 1$.

(a) $e^{iz}=1$ 이면, $z=2k\pi$, $k\in\mathbf{Z}$ 이고,

(b) $e^{iz}=-1$ 이면, $z=\pi+2k\pi$, $k\in\mathbf{Z}$ 이다.

그러므로 (a)와 (b)로부터, 모든 근이 실수이다.

14. (a) $|\sin z|^2 = \sin(z)\overline{\sin(z)} = \sin(z)\sin(\bar{z})$

$$= (\sin x \cosh y + i \cos x \sinh y)(\sin x \cosh y - i \cos x \sinh y)$$

$$= \sin^2 x \cosh^2 y + \cos^2 x \sinh^2 y$$

$$= \sin^2 x (1 + \sinh^2 y) + (1 - \sin^2 x)\sinh^2 y$$

$$= \sin^2 x + \sinh^2 y, \text{ or } \sin^2 x \cosh^2 y + \cos^2 x \sinh^2 y$$

$$= (1 - \cos^2 x)\cosh^2 y + \cos^2 x(\cosh^2 y - 1)$$

$$= \cosh^2 y - \cos^2 x .$$

(b) $|\cos z|^2 = \cos z \,\overline{\cos z} = \cos z \cos \bar{z}$

$$= (\cos x \cosh y - i \sin x \sinh y)(\cos x \cosh y + i \sin x \sinh y)$$

$$= \cos^2 x \cosh^2 y + \sin^2 x \sinh^2 y$$

$$= \cos^2 x (1 + \sinh^2 y) + (1 - \cos^2 x)\sinh^2 y$$

$$= \cos^2 x + \sinh^2 y, \text{ or } \cos^2 x \cosh^2 y + \sin^2 x \sinh^2 y$$

$$= (1 - \sin^2 x)\cosh^2 y + \sin^2 x(\cosh^2 y - 1)$$

$$= \cosh^2 y - \sin^2 x .$$

15. (a) $\mathrm{Log}(i) = \log|i| + i\,\mathrm{Arg}(i) = \frac{\pi}{2} i.$

(b) $(-1)^i = e^{i\log(-1)}$ 이므로, $e^{i\mathrm{Log}(-1)} = e^{i(\log|-1| + i\mathrm{Arg}(-1))} = e^{i(i\pi)} = e^{-\pi}.$

(c) $\mathrm{Log}(1+i) = \log|1+i| + i\,\mathrm{Arg}(1+i) = \log\sqrt{2} + \frac{\pi}{4} i.$

16. (a) $\mathrm{Log}(z) = \log|z| + i\,\mathrm{Arg}(z) = \frac{\pi}{2} i$ 이므로, $\mathrm{Arg}(z) = \frac{\pi}{2}$, $z = i$.

(b) $e^z = e^x e^{iy} = i\pi = |i\pi| e^{i\frac{\pi}{2}} = \pi e^{i\frac{\pi}{2}}$ 이므로,

$e^x = \pi$, $y = \frac{\pi}{2}$, 즉, $x = \log\pi$, $y = \frac{\pi}{2}$.

$z = x + iy = \log\pi + i\frac{\pi}{2}.$

(c) $\cos(z) = \dfrac{e^{iz} + e^{-iz}}{2} = 0$ 이므로, $e^{iz} = -e^{-iz}$, 즉, $(e^{iz})^2 = -1$ 이다.

$\zeta = e^{iz}$ 라고 하면, $\zeta^2 = -1$, $\zeta = \pm i$.

(1) $\zeta = i$ 이면, $e^{iz} = i = e^{i\frac{\pi}{2}}$ 이고, $z = \frac{\pi}{2}$ 이다.

(2) $\zeta = -i$ 이면, $e^{iz} = -i = e^{-i\frac{\pi}{2}}$ 이고, $z = -\frac{\pi}{2}$ 이다.

그러므로 (1)과 (2)로부터, $z = \pm\frac{\pi}{2}$ 이다.

(d) $\sqrt{z} = 1 + i = \sqrt{2}e^{i\left(\frac{\pi}{4} + 2k\pi\right)}$ 이므로,

$z = 2^{1/4}e^{i\left(\frac{\pi}{8} + k\pi\right)}$, $k = 0$, 1.

$z = 2^{1/4}e^{i\frac{\pi}{8}}$ or $z = 2^{1/4}e^{i\frac{9\pi}{8}}$.

17. $|a^z| = |e^{z\log(a)}| = |e^{z(\log|a| + i\arg(a))}|$

$= |e^{z\log(a)}| = |e^{(x+iy)\log(a)}| = e^{x\log(a)} = a^x$

$= a^{Re(z)}$.

18. $f(z) = z^\alpha = e^{\alpha\log(z)} = e^{\alpha(Log(z) + i(Arg(z) + 2k\pi))}$ 이므로, p.v. $f(z) = e^{\alpha Log(z)}$ 에 대하여,

$f'(z) = \frac{\alpha}{z}e^{\alpha Log(z)} = \alpha z^{\alpha - 1}$ 이다.

19. 복소 함수 $f(x+iy) = u(x, y) + iv(x, y)$ 가 해석적이므로, $u_x = v_y$, $u_y = -v_x$ 이다.

따라서 $J = u_x v_y - u_y v_x = u_x^2 + v_x^2 = |u_x + iv_x|^2 = |f'(x+iy)|^2$.

20. $z^2 - 1 = z(2z+1)$ 이므로, $z^2 + z + 1 = 0$ 이다.

$z = \frac{-1 \pm \sqrt{1-4}}{2} = \frac{-1 \pm \sqrt{3}i}{2}$ 이다.

21. $u_x = -\sin x \cosh y$, $u_y = \cos x \sinh y$

$u_{xx} = -\cos x \cosh y$, $u_{yy} = \cos x \cosh y$ 이므로,

$u \in C^2(\mathbb{C})$ 이고, $\Delta u = u_{xx} + u_{yy} = 0$ 이다.

따라서 $u(x, y) = \cos(x)\cosh(y)$ 는 조화함수이다.

$v_y = u_x = -\sin x \cosh y$ 이므로, $v(x, y) = -\sin x \sinh y + \phi(x)$ 이다.

그런데, $v_x = -\cos x \sinh y + \phi'(x) = -u_y = -\cos x \sinh y$ 이므로, $\phi'(x) = 0$, 즉, $\phi(x) = c =$ 실수상수이다.

따라서 $v(x, y) = -\sin x \sinh y + c$.

그러므로 전해석함수 $f(z) = f(x+iy) = u(x, y) + iv(x, y)$

$$= \cos x \cosh y + i(-\sin x \sinh y + c).$$

22. (a) $(-1)^i = e^{i \log(-1)} = e^{i(\log|-1| + i(\pi + 2k\pi))} = e^{-(\pi+2k\pi)}$, $k \in \mathbf{Z}$.

(b) $z^i = e^{i \log(z)}$ 는 양의 실수축을 제외한 복소평면 전체에서 해석적인 함수이므로, $z^i = e^{i \log(z)}$ 의 가지(branch)인 $\exp(iL_0(z)) = e^{i \mathrm{Log}(z)}$ 는 왼쪽 반평면 $\{z : \mathrm{Re}(z) < 0\}$ 에서 해석적인 함수이다.

(c) $z^i = e^{i \log(z)}$ 의 다른 가지를 $\exp(iL_\alpha(z))$ 라고 하면, $iL_\alpha(-1) = 5\pi$, 즉, $i(i\mathrm{Arg}_\alpha(-1)) = 5\pi$ 이므로, $\mathrm{Arg}_\alpha(-1) = -5\pi$ 이다.

따라서 $\alpha = -6\pi$ 로 선택하면, $f(-1) = \exp(5\pi)$ 이고, f 는 $\arg(z) = -6\pi$ 인 z 를 제외한 전평면, 즉, 양의 실수축을 제외한 복소평면 전체에서 해석적인 함수이다.

그러므로 특히, f 는 왼쪽 반평면 $\{z : \mathrm{Re}(z) < 0\}$ 에서도 해석적인 함수이다.

Chapter 04

1. Cauchy 직분공식에 의하여,

$$\int_{-C : z(t) = e^{-}, \ 0 \le t \le 2\pi} \frac{e^z}{z} dz = 2\pi i f(0) I(-C, 0), \quad f(z) = e^z,$$

$$= 2\pi i \cdot 1 \cdot (-1) = -2\pi i.$$

여기서, $I(-C, 0)$ 는 0를 휘감는 곡선 $-C$ 의 회전수(winding number)로 -1 이다.

2. Cauchy 적분공식에 의하여,

$$\int_{C : z(t) = e^{t}, \ 0 \le t \le 4\pi} \frac{e^z}{z} dz = 2\pi i f(0) I(C, 0), \quad f(z) = e^z,$$

$$= 2\pi i \cdot 1 \cdot 2 = 4\pi i.$$

여기서, $I(C, 0)$는 0를 휘감는 곡선 C의 회전수(winding number)로 2이다.

3. 곡선 $C: |z|=3$에 대하여, 곡선 $C_1: |z|=\frac{1}{2}$, 곡선 $C_2: |z-2|=\frac{1}{2}$, $C_1 \cap C_2=\varnothing$,

$C^*=C-C_1-C_2$라고 하면, Cauchy-Goursat 의 정리에 의하여, $\int_{C^*}\frac{e^z}{z(z-2)}dz=0$이다.

즉, $\int_{C:|z|=3}\frac{e^z}{z(z-2)}dz=\int_{C_1:|z|=\frac{1}{2}}\frac{e^z/(z-2)}{z}dz+\int_{C_2:|z-2|=\frac{1}{2}}\frac{e^z/z}{z-2}dz$

$$=2\pi i\left(\frac{1}{-2}\right)\cdot 1+2\pi i\frac{e^2}{2}\cdot 1$$

$$=\pi i(e^2-1).$$

4. 도함수에 관한 Cauchy 적분공식에 의하여,

$$\int_{C:|z|=1}\frac{\sin(z)}{z^2}=\frac{2\pi i}{1!}f'(0),\quad f(z)=\sin(z),$$

$$=2\pi i\cos(0)$$

$$=2\pi i.$$

5. 영역 Ω에서 복소 함수 f가 상수함수가 아니라고 가정하면, Ω가 연결집합이므로, f는 $D(z_0, r)=\{z\in\mathbf{C}: |z-z_0|<r\}\subset\Omega$에서도 상수함수가 아니다.

따라서 열린사상 정리(Open Mapping Theorem)에 의해서, $\exists\delta>0: D(f(z_0), \delta)\subset f(D(z_0, r))$이다.

그러나 이것은 $|f(z_0)|\geq|f(z)|$, $\forall z\in D(z_0, r)$라는 가정에 모순된다.

그러므로 함수 f는 영역 Ω에서 상수함수이다.

6. 모든 $x\in\Omega\cap\mathbf{R}$에 대하여, $f(x)\in\mathbf{R}$이므로, 복소 함수 $F(z)=\overline{f(\overline{z})}$는 영역 Ω에서 해석적인 함수이다.

왜냐하면, $f(z)=u(x, y)+iv(x, y)$, $F(z)=U(x, y)+iV(x, y)$라고 하면, $\overline{f(\overline{z})}=u(x, -y)-iv(x, -y)$이고, $U(x, y)=u(x, t)$, $V(x, y)=-v(x, t)$, $t=-y$이다.

$f(x+it)$가 $x+it$에 관하여 해석적인 함수이므로, $u(x, t), v(x, t)\in C^1(\Omega)$이고, $u_x=v_t$, $u_t=-v_x$이다.

따라서 $U_x = u_x$, $V_y = -v_t\frac{dt}{dy} = v_t$ 이고,

그래서 $U_x = V_y$ 이다.

또한, $U_y = u_t\frac{dt}{dy} = -u_t$, $V_x = -v_x$ 이므로, $U_y = -V_x$ 이다. 즉, U, $V \in C^1(\Omega)$ 이고, Cauchy-Riemann 방정식을 만족하므로, $F(z)$는 영역 Ω에서 해석적인 함수이다.

$\Omega \cap \mathbf{R}$ 에서 $f(x)$가 실수이므로, $\Omega \cap \mathbf{R}$ 에서 $v(x, 0) = 0$ 이다.

따라서 $F(x) = U(x, 0) + iV(x, 0) = u(x, 0) - iv(x, 0) = u(x, 0)$ 이므로, 모든 $x \in \Omega \cap \mathbf{R}$ 에 대하여, $F(z) = f(z)$ 이다.

그러므로, 해석적 연속성에 의하여, 영역 Ω에서 $F(z) = f(z)$ 이다.

영역 Ω에서 $F(z) = \overline{f(\bar{z})}$ 이므로, 영역 Ω에서 $f(z) = \overline{f(\bar{z})}$ 이다.

7. (a) $\int_C e^{\pi z}dz = \frac{1}{\pi}e^{\pi z} \mid_i^{i/2} = \frac{1+i}{\pi}$.

(b) $$\int_{C:z(t)=e,\ 0 \le i \le \pi} (1-z)dz = \int_0^\pi (1-e)iedt = \left[e - \frac{1}{2}e^{i2t}\right]_0^\pi$$

$$= \left[\left(-1-\frac{1}{2}\right) - \left(1-\frac{1}{2}\right)\right] = -2.$$

(c) $$\int_C \cos\left(\frac{z}{2}\right)dz = 2\left[\sin\left(\frac{z}{2}\right)\right]_0^{\pi+2i} = 2\sin\left(\frac{\pi}{2}+i\right)$$

$$= 2\cos(i) = 2\frac{e^{-1}+e^1}{2} = e + \frac{1}{e}.$$

8. 곡선 $C : |z| = r$ 이고, $|z_0| < r < |w_0|$ 이므로,

$$\int_C \frac{1}{(z-z_0)(z-w_0)}dz = \int_C \frac{1/(z-w_0)}{z-z_0}dz$$

$$= 2\pi i f(z_0) I(C, z_0), \quad f(z) = \frac{1}{z-w_0}, \quad I(C, z_0) = 1.$$

$$= \frac{2\pi i}{z_0 - w_o}.$$

9. $\sqrt{e^z+1} = \exp\left[\frac{1}{2}(\log|e^z+1| + i\arg(e^z+1)\right]$ 이므로,

집합 $\Omega=\{z\in\mathbf{C}: -\pi<\arg(e^z+1)<\pi\}$은 $\arg(e^z+1)\not\in(-\infty, 0]$을 의미하고, 그때, $f(z)=\sqrt{e^z+1}$은 Ω 에서 해석적이다.

10. Ω안의 주어진 삼각형 T에 대하여,

$$\int_T F(z)dz=\int_T\int_0^1 \frac{f(w)}{w-z}dwdz$$

$$=\int_0^1\int_T \frac{1}{w-z}dzdw \text{ (Fubini의 정리에 의해서)}$$

$$=\int_0^1 0\cdot f(w)dw \text{ (Cauchy-Goursat의 정리에 의해서)}$$

$=0$ 이다.

따라서 Morera의 정리에 의하여, F는 Ω에서 해석적인 함수이다.

11. $I^2=[0, 1]\times[0, 1]$이라고 하면, $f(z+m+\in)=f(z)$, $\forall z\in\mathbf{C}$, m, $n\in\mathbf{Z}$이므로, $f(I^2)=f(\mathbf{C})$ 이다.

I^2이 compact이고 전해석 함수 f는 연속함수이므로, f는 I^2에서 유계이다. 따라서 f는 C에서 유계이다.

그러므로 Liouville의 정리에 의해서, f는 C에서 상수함수 이다.

12. z가 p(z)의 근이면, $a_0+a_1z+\cdots+a_nz^n=0$이다.

그런데, $\overline{a_0+a_1z+\cdots+a_nz^n}=\overline{a_0}+\overline{a_1}\,\overline{z}+\cdots+\overline{a_n}\,\overline{z^n}$

$=a_0+a_1\overline{z}+\cdots+a_n\overline{z^n}=\overline{0}=0$이므로,

$\overline{z}$도 p(z)의 근이다.

13. 피적분 함수 $z\exp(z^2)$이 C 위와 내부에서 해석적인 함수이므로, Cauchy-Goursat의 정리에 의해서, $\int_C z\exp(z^2)dz=0$ 이다.

14. $F'(z)=\frac{i}{2}\left(\frac{1}{z+i}-\frac{1}{z-i}\right)=\frac{i}{2}\left(\frac{-2i}{z^2+1}\right)=\frac{1}{z^2+1}=f(z)$, $\mathrm{Re}(z)>0$.

15. $g(z)=f(z+2\pi)-f(z)$ 라고 하면, g는 전해석 함수이고, 실수축에서 $g(z)=0$ 이다.

따라서 일치의 정리에 의해서, 복소평면 전체에서 $g(z)=0$ 이다.

그러므로 $f(z+2\pi)=f(z)$, $\forall z\in\mathbb{C}$ 이다.

16. (a) $f(z)=f(x+iy)=f(x,\ y)=u(x,\ y)+iv(x,\ y)$ 라고 하고,

$g(x+iy)=g(x,\ y)=\exp[-if(x,\ y)]=\exp[v(x,\ y)]\cdot\exp[-iu(x,\ y)]$ 라고 정의하면, g는 전해석 함수이고, $|g(x,\ y)|=\exp[v(x,\ y)]\le\exp(v_0)$, $\forall x,\ y$.

따라서 Liouville의 정리에 의해서, g는 전평면에서 상수함수이다.

그러므로 $v(x,\ y)=\log|g(x,\ y)|$ 도 전평면에서 상수함수이다.

(b) Cauchy-Riemann 방정식에 의해서, $u_x=v_y=0$ 이고, $u_y=-v_x=0$ 이므로, $u(x,\ y)$ 도 전평면에서 상수함수이다.

그러므로 복소 함수 $f(z)=f(x+iy)=f(x,\ y)=u(x,\ y)+iv(x,\ y)$ 는 복소평면 전체에서 상수함수이다.

17. 일반화된 Cauchy 적분공식(GCIF)에 의하여,

$f^{(n)}(z)=\dfrac{n!}{2\pi i}\displaystyle\int_{C:\,|z|=3}\frac{f(\zeta)}{(\zeta-z)^{n+1}}d\zeta$ 이므로,

$|f^{(n)}(0)|\le\dfrac{n!}{2\pi}\dfrac{6}{3^{n+1}}\cdot 2\pi\cdot 3=\dfrac{6n!}{3^n}$ 이고,

$f^{(10)}(z)=a_{10}10!$ 이므로, $f^{(10)}(0)=a_{10}10!$ 이다.

그러므로 $|a_{10}|=\left|\dfrac{f^{(10)}(0)}{10!}\right|\le\dfrac{1}{10!}\dfrac{6\cdot 10!}{3^{10}}=\dfrac{6}{3^{10}}$.

18. 복소 함수 f가 전해석 함수이므로, $f(z)=\displaystyle\sum_{n=0}^{\infty}a_nz^n=\sum_{n=0}^{\infty}\frac{f^{(n)}(0)}{n!}z^n$ 이다.

그런데, Cauchy 부등식에 의하여, 원 $C:|z|=R$에 대하여, $|a_m|=\left|\dfrac{f^{(m)}(0)}{m!}\right|\le\dfrac{|\alpha|+|\beta|R^n}{R^m}$ 이므로, $R\to\infty$ 일 때, $m>n$ 이면, $a_m=0$ 이다.

따라서 f는 기껏해야 n차 다항식이다.

19. $u(x, y)$가 전평면에서 유계 조화 함수이면 ∃ 전해석 함수 $f(z)$:

$u(x, y) = Re(f) = \log|e^{f(z)}|$ 이다.

따라서 $u(x, y)$가 유계이면, $f(z)$도 유계이다.

그러므로 Liouville 의 정리에 의해서, $f(z)$는 상수 함수이다.

또한 $u(x, y)$도 상수함수이다.

20. (a) $C = C_1 + C_2 + C_3$ 이고

$C_1 : z(t) = t,\ 0 \le t \le 1,$

$C_2 : z(t) = 1 + it,\ 0 \le t \le 1,$

$C_3 : z(t) = (1-t) + i,\ 0 \le t \le 1$ 이면,

$$\int_C e^z dz = \int_{C_1} e^z dz + \int_{C_2} e^z dz + \int_{C_3} e^z dz$$

$$= \int_0^1 e^t dt + \int_0^1 e^{1+} idt + \int_0^1 e^{(1-t)+i}(-dt)$$

$$= (e-1) + (e^{1+i} - e) + (e^i - e^{1+i}) = e^i - 1.$$

(b) $F(z) = e^z$ 가 $f(z) = e^z$ 의 역도함수이므로,

$$\int_C f(z)dz = F(z)\,|_0^i = F(i) - F(0) = e^i - 1.$$

21. 최대 절대값의 원리에 의하면, 복소 함수값의 절대값의 최대값은 경계에서 발생하는데, $|\sin(z)|$ 의 최대값을 구하는 것과 $4|\sin(z)|^2$의 최대값을 구하는 것이 동치이다.

$$4|\sin(z)|^2 = 4\left|\frac{e^{i(x+iy)} - e^{-i(x+iy)}}{2i}\right|^2 = |e^{ix-y} - e^{-ix}e^y|^2$$

$$= (e^{ix}e^{-y} - e^{-ix}e^y)(e^{-ix}e^{-y} - e^{ix}e^y)$$

$$= (e^{-2y} - e^{i2x} - e^{-i2x} + e^{2y}$$

$$= 2\cosh(2y) - 2\cos(2x) \text{ 이고,}$$

$\cosh(2y)$는 $y \ge 0$에서 증가함수여서, $y = 2\pi$와 $x = \frac{\pi}{2}$와 $\frac{3\pi}{2}$에서 최대값을 가지므로, 최대값은 $|\sin(x+iy)| = \left|\sin\left(\frac{\pi}{2} + i2\pi\right)\right|$

$$= \left|\sin\left(\frac{\pi}{2}\right)\cosh(2\pi) + i\cos\left(\frac{\pi}{2}\right)\sinh(2\pi)\right|$$

$$= \cosh(2\pi).$$

22. $g(z) = \dfrac{1}{f(z)}$ 라고 하면, g가 전해석 함수이고, $|g(z)| \le \left|\dfrac{1}{f(z)}\right| \le 1,\ \forall z \in \mathbb{C}$ 이므로,

Liouville의 정리에 의하여, g는 상수함수이다.

따라서 $f = 1/g$ 도 상수함수이다.

23. 최대 절대값 원리에 의하면, 폐원판 $\{z : |z| \le t_2\}$ 에서 $|f(z)|$ 의 최대값은 경계에서 발생하므로, $|f(z)| < M(t_2)$, $|z| < t_2$ 이다.

특히, 위 부등식은 $|z| = t_1$ 에서도 성립하므로, $t_1 < t_2$ 이면, $M(t_1) = \max_{|z|=t_1}|f(z)| < \max_{|z|=t_2}|f(z)| = M(t_2)$ 이다.

그러므로 M은 단조 증가함수이다.

Chapter 05

1. $|z| < 1$ 에서,

$$\frac{1}{(1-z)(2-z)} = \frac{1}{1-z} - \frac{1}{2-z} = \frac{1}{1-z} - \frac{1/2}{1-z/2} = \sum_{n=0}^{\infty}(z)^n - \frac{1}{2}\sum_{n=0}^{\infty}\left(\frac{z}{2}\right)^n$$

$$= \frac{1}{2} + \frac{3}{4}z + \frac{7}{8}z^2 + \cdots$$

2. $1 < |z| < 2$ 에서,

$\dfrac{1}{1-z} = \dfrac{-1}{z-1} = \dfrac{-1/z}{1-1/z} = -\displaystyle\sum_{n=0}^{\infty}\frac{1}{z^{n+1}}$ 이고,

$\dfrac{1}{2-z} = \dfrac{1/2}{1-z/2} = \displaystyle\sum_{n=0}^{\infty}\frac{z^n}{2^{n+1}}$ 이므로,

$$\frac{1}{(1-z)(2-z)} = -\frac{1}{2} - \frac{z}{4} - \frac{z^2}{8} - \cdots - \frac{1}{z} - \frac{1}{z^2} - \frac{1}{z^3} - \cdots$$

3. $|z|>2$ 에서,

$$\frac{1}{2-z}=\frac{-1}{z-2}=\frac{-1/z}{1-2/z}=-\sum_{n=0}^{\infty}\frac{2^n}{z^{n+1}}$$ 이므로,

$$\frac{1}{(1-z)(2-z)}=\frac{-1}{z-1}+\frac{1}{z-2}=\frac{-1/z}{1-1/z}+\frac{1/z}{1-2/z}$$

$$=-\sum_{n=0}^{\infty}\frac{1}{z^{n+1}}+\sum_{n=0}^{\infty}\frac{2^n}{z^{n+1}}$$

$$=\frac{1}{z^2}+\frac{3}{z^3}+\frac{7}{z^4}+\cdots$$

4. $z_0=1/2$ 에서의 $\frac{1}{1-z}$ 의 Taylor 급수 : $f(z)=\frac{1}{1-z}$,

$$\frac{1}{1-z}=\sum_{n=0}^{\infty}\frac{f^{(n)}\left(\frac{1}{2}\right)}{n!}\left(z-\frac{1}{2}\right)^n=f\left(\frac{1}{2}\right)+\frac{f'\left(\frac{1}{2}\right)}{1!}\left(z-\frac{1}{2}\right)+\frac{f''\left(\frac{1}{2}\right)}{2!}\left(z-\frac{1}{2}\right)^2+\cdots$$

$$=2+4\left(z-\frac{1}{2}\right)+8\left(z-\frac{1}{2}\right)^2+\cdots$$

5. $e^z=e^{(z-1)+1}=ee^{(z-1)}=e\sum_{n=0}^{\infty}\frac{(z-1)^n}{n!}=\sum_{n=0}^{\infty}\frac{e}{n!}(z-1)^n,\quad \forall z\in\mathbf{C}.$

6. $|z|<1$ 에서,

$$\frac{1}{(1-z)^2}=(1+z+z^2+\cdots)(1+z+z^2+\cdots)=1+2z+3z^2+\cdots,$$

7. $\sec(z)=\frac{1}{\cos(z)}$ 이고, $\sec(z)$ 는 개원판(open disk) $|z|<\frac{\pi}{2}$ 에서 해석적 함수이므로,

$\sec(z)=a_0+a_1z+a_2z^2+\cdots.$

$\cos(z)\sec(z)=1$ 이므로, $\left(1-\frac{z^2}{2!}+\frac{z^4}{4!}-\cdots\right)(a_0+a_1z+a_2z^2+\cdots)=1,\quad |z|<\frac{\pi}{2}.$

$a_0=1,\ a_1=0,\ a_2-\frac{a_0}{2}=0,\ a_3-\frac{a_1}{2}=0,\ \cdots$

따라서 $\sec(z)=1+\frac{z^2}{2}-\frac{z^4}{12}+\cdots,\quad |z|<\frac{\pi}{2}.$

8. $\displaystyle\sum_{n=0}^{\infty}\frac{z^n}{2^{|n|}}=\left(1+\frac{z}{2}+\frac{z^2}{2^2}+\cdots\right)+\left(\frac{1}{2z}+\frac{1}{4z^2}+\frac{1}{8z^3}+\cdots\right)$

$1+\frac{z}{2}+\frac{z^2}{2^2}+\cdots$ 은 $|z|<2$ 에서 수렴하고,

$\frac{1}{2z}+\frac{1}{4z^2}+\frac{1}{8z^3}+\cdots$ 은 $|z|>\frac{1}{2}$ 에서 수렴하므로,

$\displaystyle\sum_{n=-\infty}^{\infty}\frac{z^n}{2^{|n|}}$ 은 $\frac{1}{2}<|z|<2$ 에서 수렴한다.

따라서 수렴영역은 $\{z\in\mathbf{C}: \frac{1}{2}<|z|<2\}$ 이다.

9. $\displaystyle\sum_{n=-\infty}^{\infty}2^{|n|}z^n=(1+2z+4z^2+\cdots)+(\frac{2}{z}+\frac{4}{z^2}+\frac{8}{z^3}+\cdots)$

$1+2z+4z^2+\cdots$ 은 $|z|<\frac{1}{2}$ 에서 수렴하고,

$\frac{2}{z}+\frac{4}{z^2}+\frac{8}{z^3}+\cdots$ 은 $|z|>2$ 에서 수렴하므로,

Laurent 급수 $\displaystyle\sum_{n=-\infty}^{\infty}2^{|n|}z^n$ 의 주요부와 해석적인 부분이 동시에 수렴하는 복소수 z 는 존재하지 않는다.

10. Cauchy 주값$=\text{P.V.}\displaystyle\int_{-\infty}^{\infty}\frac{\sin(x)}{x}dx=\text{Im}\{\ \pi i\text{Res}\left(\frac{e^{iz}}{z},\ 0\right)\}$ 인데,

$\frac{e^{iz}}{z}$ 는 $z_0=0$ 에서 단순극(simple pole)을 가지므로,

$\text{Res}\left(\frac{e^{iz}}{z},\ 0\right)=\frac{e^{i0}}{1}=1$ 이므로, $\text{P.V.}\displaystyle\int_{-\infty}^{\infty}\frac{\sin(x)}{x}dx=\pi$.

11. (a) $p(z)=z^2$, $q(z)=z-\sin(z)$ 라고 하면,

$f(z)=\frac{p(z)}{q(z)}$ 이고,

$q(z)$ 는 $z_0=0$ 에서 3중근(a zero of order 3)을 갖고,

$p(z)$ 는 $z_0=0$ 에서 2중근(a zero of order 2)을 가지므로,

$f(z)$는 $z_0=0$에서 단순극(simple pole)을 갖는다.

(b) $\sin\left(\frac{1}{z}\right)=\frac{1}{z}-\frac{1}{3!z^3}+\frac{1}{5!z^5}-\cdots$ 이므로,

$f(z)=\sin\left(\frac{1}{z}\right)$는 $z_0=0$에서 본질적 특이점(essential singularity)을 갖는다.

(c) $\frac{z}{\sin(z)}$는 $z=n\pi,\ n\neq 0$에서 단순극을 갖는다.

$\sin(z)$는 $z=0$에서 단순근(a zero of order 1)을 갖고, z는 $z=0$에서 단순근(a zero of order 1)을 가지므로, $\frac{z}{\sin(z)}$는 $z=0$에서 제거가능 특이점(removable singularity)을 갖는다.

(d) e^z-1과 z는 각각 $z=0$에서 단순근을 가지므로, $(z)=\frac{e^z-1}{z}$는 $z=0$에서 제거가능 특이점(removable singularity)을 갖는다.

즉, $\frac{e^z-1}{z}=\frac{z+\frac{z^2}{2!}+\frac{z^3}{3!}+\cdots}{z}$

$=1+\frac{z}{2!}+\frac{z^2}{3!}+\cdots$ 이다.

12. (a) $\frac{1}{z^6+1}$의 극(poles)은 $q(z)=z^6+1$의 근(zeroes)이므로,

$z^6=-1=e^{i(\pi+2k\pi)}$, $z_k=e^{i\left(\frac{\pi}{6}+\frac{k\pi}{3}\right)}$, $k=0,\ 1,\ 2,\ 3,\ 4,\ 5$.

모든 z_k에서, $q'(z_k)=6z_k^5\neq 0$이므로, $q(z)$의 각각의 근은 단순근(a zero of order 1)이다.

따라서 모든 z_k에서 $f(z)=\frac{1}{z^6+1}$은 단순극(a pole of order 1)을 갖는다.

(b) $p(z)=\sin(z)$, $q(z)=z^5$이라고 하면, $f(z)=\frac{p(z)}{q(z)}$이다.

$q(z)=z^5$은 $z=0$에서 5중근(a zero of order 5)을 갖고,

$p(z)=\sin(z)$는 $z=0$에서 단순근(a zero of order 1)을 가지므로,

$f(z)=\frac{p(z)}{q(z)}$는 $z=0$에서 4중극(a pole of order 4)을 갖는다.

(c) $z=0$에서 $\sin(z)$는 단순근을 가지므로, $z^2\sin(z)$는 $z=0$에서 3중근을 갖는다.

따라서 $f(z)=\frac{1}{z^2\sin(z)}$은 $z=0$에서 3중극(a pole of order 3)을 갖는다.

$z=n\pi(\neq 0)$ 에서 $\sin(z)$ 는 단순근을 가지므로,

$f(z)=\dfrac{1}{z^2\sin(z)}$ 는 $z=n\pi\neq 0$ 에서 단순극(simple pole)을 갖는다.

13. $f(z)=z\sin\left(\dfrac{1}{z}\right)$ 은 $\mathbf{C}-\{z=0\}$에서 해석적인 함수이고, $z=0$ 에서는 정의되지 않으므로, ∃ 0에 수렴하는 복소 수열 $\{z_n\}_{n=1}^{\infty}$, 예를 들면, $z_n=\dfrac{1}{n\pi}$:

$f(z_n)=0$, $\forall z_n\in\mathbf{C}$. 즉, $z=n\pi$ 에서 $\sin(z)=0$ 이므로,

$z_n=\dfrac{1}{n\pi}$ 에서 $\sin\left(\dfrac{1}{z_n}\right)=0$ 이다.

14. $I(f(C),0)=Z_f(C)-P_f(C)$, 여기서 $Z_f(C)$ 는 C 내부에서의 f 의 근의 개수 이고 $P_f(C)$ 는 C 내부에서의 극의 개수이므로,

(a) $f(z)=z(z^4-1)$ 의 근 중 $z_0=0$ 만이 C 내부에 있으므로 $I(f(C),0)=1$ 이다.

(b) C 내부에 f 의 모든 5 개의 근이 있으므로, $I(f(C),0)=5$.

(c) C 내부에 f 의 근중 0 와 i 가 있으므로, $I(f(C),0)=2$.

15. (a) $C: |z|=2$ 에 대하여, $f(z)=z^5$ 과 $g(z)=15z+1$ 이라고 하면, f 와 g 는 C 위와 내부에서 해석적이고, $|z|=2$ 에서, $|g(z)|=|15z+1|\leq 15|z|+1=31<|f(z)|=|z|^5=2^5=32$ 이므로, Rouche의 정리에 의해서, C 내부에서 f+g 와 f 의 근의 개수가 같다.

즉, C 내부에서 $p(z)$ 의 근의 개수는 5 개이다.

(b) $C: |z|=\dfrac{3}{2}$ 에 대하여, $f(z)=15z$, $g(z)=z^5+1$ 이라고 하면, f 와 g 는 C 위와 내부에서 해석적이고, $|z|=\dfrac{3}{2}$ 에서, $|g(z)|\leq|z|^5+1=\dfrac{3^5}{2^5}+1=8.6<|f(z)|=15(3/2)=22.5$ 이므로, Rouche의 정리에 의하여, C 내부에서 f+g 와 f 의 근의 개수는 같다.

즉, C 내부에서 $p(z)$ 의 근의 개수는 1 개이다.

(c) $|z|=\dfrac{3}{2}$ 에서, $|p(z)|\geq\big||15z+1|-|z^5|\big|=|23.5-7.6|=15.9>0$ 이므로, $p(z)$ 는 $|z|=\dfrac{3}{2}$ 에서 근을 갖지 않는다.

그러므로 (a), (b), (c)로부터, 다항식 $p(z)=z^5+15z+1$은 영역 $\{z: \frac{3}{2}<|z|<2\}$에서 $(5-1)$개$=4$개의 근을 갖는다.

16. (a) $\csc(z)=\frac{1}{\sin(z)}$은 $z=0$에서 단순극을 가지므로, $\text{Res}(\csc(z), 0)=\frac{1}{\cos(0)}=1$.

(b) $\frac{\cos(z)}{z^3}=\frac{1-\frac{z^2}{2!}+\frac{z^4}{4!}-\cdots}{z^3}$

$=\frac{1}{z^3}-\frac{1}{2!z}+\frac{z}{4!}-\cdots$ 이므로,

$\text{Res}\left(\frac{\cos(z)}{z^3}, 0\right)=-\frac{1}{2}$.

(c) $\frac{z^2+4z+5}{z^3}=\frac{5}{z^3}+\frac{4}{z^2}+\frac{1}{z}$ 이므로,

$\text{Res}\left(\frac{z^2+4z+5}{z^3}, 0\right)=1$.

(d) $\exp\left(1+\frac{1}{z}\right)=ee^{1/z}=e\left(1+\frac{1}{z}+\frac{1}{2!z^2}+\frac{1}{3!z^3}+\cdots\right)$ 이므로,

$\text{Res}\left(\exp\left(1+\frac{1}{z}\right), 0\right)=e$.

(e) $z^4\sin\left(\frac{1}{z}\right)=z^4\left(\frac{1}{z}-\frac{1}{3!z^3}+\frac{1}{5!z^5}-\cdots\right)$

$=z^3-\frac{z}{3!}+\frac{1}{5!z}-\cdots$ 이므로,

$\text{Res}\left(z^4\sin\left(\frac{1}{z}\right), 0\right)=\frac{1}{5!}$.

17. (a) $\frac{2\pi}{\sqrt{1-a^2}}$.

(b) $\pi 2^{-2n}\binom{2n}{n}$.

(c) $\frac{\pi}{2}\sqrt{a(a+1)}$.

(d) $\frac{\pi}{\sin a\pi}$.

18. $\sin(z) = z - \frac{z^3}{3!} + \frac{z^5}{5!} - \cdots$ 이고,

$$\frac{\sin(z)}{z^3} = \frac{1}{z^2} - \frac{1}{3!} + \frac{z^2}{5!} - \cdots \text{ 이므로,}$$

$f(z) = \frac{\sin(z)}{z^3}$ 의 $z_0 = 0$ 에서 이중극(double pole)을 갖는다.

19. (a) $\int_C \frac{1}{(1+z^2)^2} dz = \int_{-R}^{R} \frac{1}{(1+x^2)^2} dx + \int_{C_R} \frac{1}{(1+z^2)^2} dz$.

(b) 충분히 큰 $R > 1$ 에 대하여,

$$\left| \int_{C_R} \frac{1}{(1+z^2)^2} dz \right| \le \int_{C_R} \frac{1}{|\,|z|^2 - 1\,|} |dz| = \frac{\pi R}{|R^2 - 1|}$$

$$= \frac{\pi R}{R^2 - 1} \to 0 \text{ as } R \to \infty \text{ 이므로,}$$

$\lim_{R \to \infty} \int_{C_R} \frac{1}{(1+z^2)^2} dz = 0$ 이다.

(c) (a) 와 (b)로부터,

$$\int_{-\infty}^{\infty} \frac{1}{(1+x^2)^2} dx = \int_C \frac{1}{(1+z^2)^2} dz$$

$$= 2\pi i \{ \sum_{z_k} \mathrm{Res}\left(\frac{1}{(1+z^2)^2}, z_k \right) : z_k \text{ 가 상반평면위의 극} \}$$

$$= 2\pi i \mathrm{Res}\left(\frac{1}{(1+z^2)^2}, i \right)$$

$$= 2\pi i \cdot \frac{1}{4i} = \frac{\pi}{2} \text{ 이다.}$$

왜냐하면, $p(z) = 1$, $q(z) = (1+z^2)^2$ 이라 하면, $p(i) = 1 \neq 0$ 이고, $q(i) = q'(i) = 0$ 이지만, $q''(i) = -8 \neq 0$ 이므로 $f(z) = \frac{p(z)}{q(z)} = \frac{1}{(1+z^2)^2}$ 은 $z = i$ 에서 이중극(a pole of order 2)을 갖는다.

따라서 $\mathrm{Res}\left(\frac{1}{(1+z^2)^2}, i \right) = \lim_{z \to i} \frac{d}{dz} [(z-i)^2 \frac{1}{(1+z^2)2}]$

$$= \lim_{z \to i} \frac{d}{dz} \left[\frac{1}{(z+i)^2} \right]$$

$$= \lim_{z \to i} \frac{-2}{(z+i)^3} = \frac{-2}{8i^3} = \frac{1}{4i} .$$

20. $z^4 = -1 = e^{i(\pi+2k\pi)}$ 이므로, $z_k = e^{i\left(\frac{\pi}{4}+\frac{k\pi}{2}\right)}$, $k=0, 1, 2, 3$.

$z_0 = \frac{\sqrt{2}}{2} + i\frac{\sqrt{2}}{2}$ 와 $z_1 = -\frac{\sqrt{2}}{2} + i\frac{\sqrt{2}}{2}$ 가 상반 평면위에 있는 단순극(simple pole)이므로,

$\text{Res}\left(\frac{z^2}{z^4+1}, z_0\right) = \frac{z_0^2}{4z_0^3} = \frac{1}{4z_0} = \frac{1}{4}\left(\frac{\sqrt{2}}{2} - i\frac{\sqrt{2}}{2}\right) = \frac{1}{8}(\sqrt{2} - i\sqrt{2})$ 이고,

$\text{Res}\left(\frac{z^2}{z^4+1}, z_1\right) = \frac{z_1^2}{4z_1^3} = \frac{1}{4z_1} = \frac{1}{4}\left(-\frac{\sqrt{2}}{2} - i\frac{\sqrt{2}}{2}\right) = \frac{1}{8}(-\sqrt{2} - i\sqrt{2})$ 이다.

따라서 유수정리에 의하여,

$$\int_{-\infty}^{\infty} \frac{x^2}{x^4+1}dx = \int_C \frac{z^2}{z^4+1}dz = 2\pi i\sum_{k=0}^{1}\text{Res}\left(\frac{z^2}{z^4+1}, z_k\right).$$

$$= 2\pi i\frac{1}{8}(\sqrt{2} - i\sqrt{2} - \sqrt{2} - i\sqrt{2})$$

$$= 2\pi i\left(-i\frac{\sqrt{2}}{4}\right)$$

$$= \frac{\pi}{\sqrt{2}}$$

21. $$\int_{-\infty}^{\infty} \frac{\cos(\xi x)}{x^2+1}dx = \int_C \frac{e^{i\xi z}}{z^2+1} = \text{Re}\left[2\pi i \text{Res}\left(\frac{e^{i\xi z}}{z^2+1}, i\right)\right]$$

$$= 2\pi i\frac{e^{-|\xi|}}{2i} = \pi e^{-|\xi|}$$

22. (a) 곡선 $C: |z| = 2$에 대하여, $f(z) = z^6$, $g(z) = z^3 + 5z^2 - 2$ 라고 하면, f와 g는 C 위와 내부에서 해석적이고, $|z| = 2$에서, $|g(z)| \le |z|^3 + 5|z|^2 + |-2| = 2^3 + 52^2 + 2 = 30 < |f(z)| = |z|^6 = 2^6 = 64$ 이므로, Rouche의 정리에 의하여, $f+g$와 f는 C 내부에서 같은 수의 근을 갖는다.

따라서 $p(z)$는 $|z| < 2$에서 6개의 근을 갖는다.

(b) 곡선 $C: |z| = 1$에 대하여, $f(z) = 5z^2$, $g(z) = z^6 + z^3 - 2$ 라고 하면, f와 g는 C 위와 내부에서 해석적이고, $|z| = 1$에서, $|g(z)| \le |z|^6 + |z|^3 + |-2| = 4 < |f(z)| = |5z^2| = 5$ 이므로, Rouche의 정리에 의하여, $f+g$와 f는 C 내부에서 같은 수의 근을 갖는다.

따라서 $p(z)$는 $|z|<1$에서 2개의 근을 갖는다.

(c) $|z|=1$에서, $|p(z)| \le ||5z^2| - |z^6+z^3-2|| \ge 1 \ne 0$이므로,

$p(z)$는 $|z|=1$에서 근을 갖지 않는다.

(d) (a), (b), (c) 로부터, $p(z)$는 $1<|z|<2$에서 $4=6-2$개의 근을 갖는다.

23. $\int_0^{2\pi} \sin(\exp e^{i\theta})d\theta = \int_{C:|z|=1} \sin(e^z)\frac{dz}{iz}$

$$=-i\int_{C:|z|=1} \frac{\sin(e^z)}{z}dz$$

$$=-i2\pi i \mathrm{Res}\left(\frac{\sin(e^z)}{z}, 0\right)$$

$$=(-i)(2\pi i)(\sin(1)) = 2\pi\sin(1).$$

24. $p(z)=az^n-e^z$, $f(z)=az^n$, $g(z)=-e^z$라고 하면, f와 g는 단위원 위와 내부에서 해석적이고, $|z|=1$에서, $|g(z)| = |-e^z| = |e^z| = |e^{\cos(\theta)+i\sin(\theta)}|$

$|e^{\cos(\theta)}| \le e < a = |az^n| = |f(z)|$이므로,

Rouche의 정리에 의해, $f+g$와 f는 단위원 내부에서 같은 수의 근을 갖는다.

그러므로 $p(z)$는 $|z|<1$ 에서 n개의 근을 갖는다.

Chapter 06

1. (a) $u_x=e^x\cos(y)$, $u_y=-e^x\sin(y)$, $u_{xx}=e^x\cos(y)$, $u_{yy}=-e^x\cos(y)$이므로,

$u \in C^1(\mathbf{R}^2)$ 이고, $\Delta u = u_{xx}+u_{yy}=0$이다.

따라서 $u(x, y)$는 전평면에서 조화함수 이다.

그리고 $v_y=u_x=e^x\cos(y)$이므로, $v(x, y)=e^x\sin(y)+\phi(x)$이고,

$v_x=e^x\sin(y)+\phi'(x)=-u_y=e^x\sin(y)$이므로, $\phi'(x)=0$, 즉, $\phi(x)=c=$실수상수.

그러므로 $v(x, y)=e^x\sin(y)+c$이다.

2. 복소 함수 $f(z)$가 해석적 함수이고, $f'(z_0)\ne 0$이면, f는 $z=z_0$에서 등각적(conformal)이다.

(a) $f(z)=e^z$ 는 모든 복소수에 대하여 해석적이고, 그 도함수 e^z 는 모든 복소수에 대하여 0이 아니므로, $f(z)=e^z$ 는 모든 복소수에서 등각적이다.

(b) $f(z)=\dfrac{1}{z}$ 은 $z=0$ 에서 극을 갖고, 0이 아닌 모든 복소수에서 그 도함수 $-\dfrac{1}{z^2}\neq 0$ 이므로, $f(z)=\dfrac{1}{z}$ 는 0이 아닌 모든 복소수에서 등각적이다.

(c) $f(z)=\dfrac{z+1}{z-1}$ 은 $z=1$ 에서 극을 갖고, 1이 아닌 모든 복소수에서 그 도함수 $\dfrac{-2}{(z-1)^2}\neq 0$ 이므로, $f(z)=\dfrac{z+1}{z-1}$ 는 1을 제외한 모든 복소수에서 등각적이다.

3. $\dfrac{(z-z_1)(z_2-z_3)}{(z-z_3)(z_2-z_1)}=\dfrac{(w-w_1)(w_2-w_3)}{(w-w_3)(w_2-w_1)}$ 이므로, $\dfrac{(z-(-i))(0-i)}{(z-i)(0-(-i))}=\dfrac{(w-(-1))(i-1)}{(w-1)(i-(-1))}$ 이다.

즉, $\dfrac{z+i}{z-i}=-i\dfrac{w+1}{w-1}$ 이다.

따라서 $(z+i)(w-1)=-i(z-i)(w+1)$

$w(z+i)-(z+i)=-i(w(z-i))-i(z-i)$

$w((1+i)z+(1+i))=(1-i)z-1+i$

$$w=\frac{(1-i)z-1+i}{(1+i)z+(1+i)}$$

$$=\frac{-2iz+2i}{2z+2}$$

$$=\frac{-iz+i}{z+1}$$

$$=-i\frac{z-1}{z+1}.$$

참고문헌

1. 계승혁, 김영원(2007), 《기초 복소해석》, 서울대학교 출판부.
2. L. Ahlfors(1979), *Complex Analysis,* 3e, McGraw-Hill.
3. M. Beck et al(2012), *A First Course in Complex Analysis*, Lecture Notes.
4. J. Brown & R. Churchill(2008), *Complex Variables & Applications*, 8th ed., McGraw-Hill.
5. S. G. Krantz(2008), *A Guide to Complex Variables, Mathematical Association of America.*
6. S. Lang(1998), *Complex Analysis*, 4-th edition, Springer.
7. J. E. Marsden and M. J. Hoffman(1999), *Basic Complex Analysis*, 3e, Freeman.
8. M. M. Peloso(2011), *Complex Analysis*, Lecture Notes.
9. E. B. Saff and A. D. Snider(2003), *Fundamentals of Complex Analysis with Applications to Engineering and Science*, 3e, Prentice Hall.
10. Terence Tao(2000), *Complex Analysis for Applications*, Lecture Notes.

찾아보기

자

차

카

타

파

하

복소해석학 개론

지은이 이현덕
펴낸이 박문규
펴낸곳 경문사
펴낸날 2014년 5월 23일 1판 1쇄
등 록 1979년 11월 9일 제313-1979-23호
주 소 121-818, 서울특별시 마포구 와우산로 174
전 화 (02)332-2004 팩스 (02)336-5193
이메일 kyungmoon@kyungmoon.com

값 10,000원

ISBN 978-89-6105-801-8